Luhmer · Maschinelle Produktionsprozesse

Beiträge zur betriebswirtschaftlichen Forschung
Herausgegeben von
Prof. Dr. Horst Albach, Bonn
Prof. Dr. Herbert Hax, Wien
Prof. Dr. Paul Riebel, Frankfurt
Prof. Dr. Klaus v. Wysocki, München
Band 43

Alfred Luhmer

Maschinelle Produktionsprozesse

Ein Ansatz dynamischer Produktions- und Kostentheorie

Westdeutscher Verlag 1975

Softcover reprint of the hardcover 1st edition 1975

Graphische Konzeption des Reihentitels von
Hanswerner Klein, Opladen

ISBN 978-3-531-11313-5 ISBN 978-3-322-87441-2 (eBook)
DOI 10.1007/978-3-322-87441-2

Geleitwort

Maschinelle Produktionsprozesse, wie sie heute für die Industrie typisch sind, setzen langfristig nutzbare Betriebsmittel ein, die in einem komplementären Verhältnis zueinander stehen und deshalb bestandsmäßig immer ganz für die Produktion bereitgehalten werden müssen. Für solche Potentialfaktor-Betriebsmittel hat die moderne Produktionstheorie auf zwei Fragen nur kontroverse Antworten gefunden. Zum einen bleibt offen, ob der Input von Potentialfaktor-Betriebsmitteln als Bestandseinsatz oder als Substanzverzehr in die Produktionsfunktion einzugehen hat und zum anderen bleibt zu klären, inwieweit die Möglichkeit peripherer Substitution gegeben ist.

An diesen beiden Fragen setzt die vorliegende Arbeit an und beantwortet diese, indem sie, auf der Grundlage des produktionstheoretischen Konzepts von Erich Gutenberg weiterbauend, dieses Konzept dynamisiert, und zwar derart, daß eine gesetzmäßige Änderung der z-Situation in der Zeit in Abhängigkeit von der Inanspruchnahme unterstellt wird.

Im einzelnen gelingt damit der Nachweis, daß eine statisch angelegte Produktionstheorie bei der Beantwortung der ersten Frage versagen muß, während ein dynamischer Erklärungsansatz das Problem der Inputmessung von Potentialfaktor-Betriebsmitteln prinzipiell löst, indem er die Mengenkomponente des Betriebsmittelverzehrs als die inanspruchnahmbedingte Verschlechterung der z-Situation erfaßt und die Wertkomponente aus der Lösung eines dynamischen Optimierungskalküls herleitet. Ebenso weist der Verfasser auch für maschinelle Produktionsprozesse Möglichkeiten peripherer Faktorsubstitution auf, die der statischen Analyse verborgen bleiben. Das von Gutenberg in statischer Analyse für konstante z-Situation abgeleitete Ergebnis, daß keine peripheren Substitutionsmöglichkeiten bestehen, bleibt unangetastet. Eine dynamische Analyse aber zeigt, daß sich bei in Abhängigkeit von der z-Situation nichtkonstanten Verbrauchsfunktionen Instandhaltung gegen laufenden Faktorverzehr peripherer substituieren läßt. Auf diese Weise wird die Instandhaltungstheorie in die Produktionstheorie integriert.

Diese Integration gelingt durch die Entwicklung einer formalen Modellstruktur, die eine Dynamisierung des Gutenberg'schen Konzeptes ist und neben deterministischen auch stochastische Versionen der Theorie umfaßt. Zwar werden die Ergebnisse nur für den deterministischen Fall auf der Basis des Maximum-Prinzips von Pontrjagin und dessen ökonomischer Interpretation im einzelnen hergeleitet. Doch wird die angegebene Modellstruktur eine tragfähige Grundlage dafür sein, auch unter stochastisch-dynamischen Bedingungen die Instandhaltungs- und Zuverlässigkeitstheorie in die Produktionstheorie zu integrieren.

So sind nicht nur die Ergebnisse im einzelnen, sondern auch die Konzeption verschiedener Versionen dynamischer Produktionstheorie von hervorragender Bedeutung für die betriebswirtschaftliche Produktionstheorie und Kostentheorie, ein großer Schritt für sie.

Hermann Sabel

Inhalt

I. FRAGESTELLUNG

1. Die Produktionstheorie befaßt sich mit Vorgängen der Gütererzeugung oder Dienstleistung und ist bemüht zu erklären, wie die mengenmäßige Ausbringung (Output) eines solchen Produktionsvorganges mit dem benötigten mengenmäßigen Einsatz bzw. Verbrauch an Produktionsfaktoren (Input) zusammenhängt. Zusammenhänge zwischen Input und Output entstehen einmal dadurch, daß der Bereich der technischen Produktionsmöglichkeiten begrenzt ist, und zum anderen dadurch, daß das Verhalten der Produzenten bei der Auswahl unter den technischen Möglichkeiten gewissen Regeln gehorcht. Die Auswahlregeln, die von den Produzenten angewendet werden, können sehr unterschiedlich sein, je nach der ökonomischen und sozialen Umwelt und der Organisationsform der Produktionsvorgänge. In Betrieben, die auf Dauer eingerichtet sind, und in einer ökonomischen Umwelt, in der einige - nicht notwendig sämtliche - Inputgüter frei zu bestimmten Preisen beschafft werden können, wenden die Produzenten als Auswahlregel das Wirtschaftlichkeitsprinzip an. Das bedeutet: Unter mehreren technisch möglichen Input-Output-Mengenkombinationen mit bestimmtem Output und bestimmtem nicht frei beschaffbaren Input, wird diejenige mit minimalen Kosten der frei beschaffbaren Inputs ausgewählt. Kosten sind dabei definiert als die Summe der mit den Preisen bewerteten Inputmengen. Sind der Verwendung bestimmter Güter oder dem Erzeugungsvorgang irgendwelche Bedingungen vorgegeben, so werden die Kosten unter diesen Bedingungen minimiert. Verbinden sich sonstige Wertvorstellungen mit einem frei beschaffbaren Input bzw. seiner Verwendung, dann wird dieser aus dem Zusammenhang der Kostenminimierung herausgenommen.

Von Preisen wird hier nicht nur gesprochen, wenn diese sich auf einem Markt bilden, es werden auch nicht marktbedingte Verrechnungspreise zugelassen. Freie Beschaffbarkeit bedeutet dann, daß die Beschaffung der betreffenden Güter nur durch eine gemeinsame Budgetrestriktion, nicht dagegen durch Mengenkontingentierungen beschränkt ist.

Enthält eine Produktionstheorie die Hypothese, daß die Produzenten bei ihrer Auswahl das Wirtschaftlichkeitsprinzip befolgen, dann wollen wir von einer Produktions- und Kostentheorie sprechen. Dies mag man als eine etwas unübliche Definition ansehen, sie dürfte jedoch mit der üblichen Verwendung dieser Bezeichnung kompatibel sein [1)].

Eine Produktions- und Kostentheorie muß deskriptiv formuliert werden, wenn sie empirisch überprüfbar sein soll. Sie muß für die Abhängigkeit von Input und Output eine Erklärung geben, die grundsätzlich an Fakten scheitern kann [2)]. Zur empirischen Überprüfung ihrer Hypothesen kann man jedoch folgenden Weg gehen:
Man kann aus der deskriptiven Erklärung der Theorie für Produktionsvorgänge, bei denen sie Geltung beansprucht, präskriptive Entscheidungsmodelle ableiten und der Praxis zur Anwendung vorschlagen. Rezipiert die Praxis das Modell auf die Dauer oder akzeptiert sie auf die Dauer die vom Modell gelieferten Entscheidungen, dann hat auch die zugrundeliegende Produktions- und Kostentheorie einen empirischen Test bestanden.

---

1) Vgl. etwa *Lücke*, [Produktions- und Kostentheorie, ²197o], S. 13 f.

2) Vgl. *Kloock*, [Diskussion, 1969], S. 5o f.

entscheiden, welcher von mehreren möglichen Typen von Produktionsfunktionen gerade zutrifft und ob nun beispielsweise Preisänderungen die Faktorproportionen verschieben oder nicht.

Man könnte demgegenüber die Auffassung vertreten, die Produktionsfunktionen selbst seien jene Charakteristika der Produktionstechnik und deren Gewinnung aus beobachtbaren Tatsachen sei entweder trivial oder aber Aufgabe außerökonomischer, etwa technologischer Untersuchungen. Diese Auffassung wird hier als charakteristisch für die traditionelle Produktions- und Kostentheorie angesehen. Man kann nun aber die Produktionsfunktionen nicht als quasi-beobachtbare Charakteristika der Produktionstechnik auffassen, solange die Definition der Input- bzw. Output-Quantitäten nicht klar ist, die als Variable in Produktionsfunktionen eingehen. Und wenn eine Produktions- und Kostentheorie zu überprüfbaren Erklärungen ökonomischen Wahlverhaltens gelangen soll, genügt es auch nicht, formal verschiedene Arten von Substitutionsmöglichkeiten zwischen den Faktoren zu unterscheiden. Die Bedingungen, unter denen diese Möglichkeiten gegeben sind, müssen vielmehr empirisch klargelegt werden. Zu diesen Bedingungen gehört auch die ökonomische Wahlsituation, d.h. welche Einflußgrößen im betrachteten Entscheidungszeitraum der Kontrolle des Produzenten unmittelbar unterliegen. Außerdem sollten die technologischen Gesetzmäßigkeiten aus außerökonomischen Untersuchungen, auf die man sich beruft, belegt werden.

Dem traditionellen Standpunkt ist denn auch zu Anfang der fünfziger Jahre [5] die Auffassung entgegengesetzt worden, die

---

5) Frühere Vorläufer nennt *Lücke*, [Produktions- und Kostentheorie ²1970], S. 61.

Produktions- und Kostentheorie müsse die von ihr behaupteten Substitutionsmöglichkeiten in der Produktionstechnik und deren bekannten Gesetzmäßigkeiten operational nachweisen.

In Deutschland wurde eine Produktions- und Kostentheorie mit diesem Programm von *Erich Gutenberg* 6) begründet und in Amerika sind etwa gleichzeitig *Hollis B. Chenery* und einige andere Wissenschaftler des Kreises um *Wassily W. Leontief* unabhängig von *Gutenberg* in ähnliche Richtung vorgestoßen 7). Sowohl *Gutenberg* als auch *Chenery* beginnen damit zu erklären, was als Produktionsfaktoren in der Produktionsfunktion auftritt. *Gutenbergs* Systematisierung in Arbeitskräfte, Betriebsmittel und Werkstoffe 8) findet sich ähnlich auch bei *Chenery* 9) jedoch eingebettet in eine Fülle weiterer Unterscheidungen, die sehr klar im herrschenden technologischen Sprachgebrauch verankert sind.

Gutenberg betrachtet die Produktion in einem Einproduktbetrieb, der als Produktionsfaktoren nur solche Güter verwendet, die nicht innerhalb des Betriebes selbst erzeugt werden. Dieser Einproduktbetrieb kann aber auch ein Betriebs-

---

6) *Gutenberg*, [Produktion, [1]1951, [18]197o].

7) Hervorgehoben seien die Beiträge von *Chenery*, [Process and Production Functions],
Holzman, [Classification and Aggregation],
Anne P. Grosse, [Structure],
Ferguson, [Air Transportation], sämtliche in:
Leontief, [Structure, 1953]; des weiteren:
Smith, [Investment, 1961]. Weitere und frühere Vorläufer nennt *Lücke*, [Produktions- und Kostentheorie, [2]197o], S. 61.

8) *Gutenberg*, [Produktion [18]197o], S. 2, 11 ff.

9) *Chenery*, [Process and Production Functions, 1953], S.299-3o4

teil, eine Werkstatt oder ein Arbeitsplatz sein, der Teil eines größeren Ganzen ist. Die Beschränkung auf den Einproduktbetrieb ist - wie wir sehen werden - nicht wesentlich und der Fall, daß innerhalb des Betriebes selbst erzeugte Güter als Produktionsfaktoren verwendet werden, läßt sich bewältigen, indem man den Betrieb in Teilbetriebe aufspaltet, für die *Gutenbergs* Analyse gilt, und dann die gegenseitigen Lieferbeziehungen mithilfe einer für den Fall variabler Produktionskoeffizienten verallgemeinerten *Leontief*schen Input-Output-Analyse betrachtet [10]. Der Inhalt von *Gutenbergs* Theorie läßt sich kurz wie folgt darstellen [11]:

Der Betrachtung ist ein Kalenderzeitraum bestimmter Länge zugrundegelegt, der als Betrachtungsperiode bezeichnet sei. In dieser Periode wird dem Betrieb eine Ausbringung x abverlangt. Der Betrieb hat in der Betrachtungsperiode m maschinelle Produktionsaggregate j zur Verfügung, deren technische Daten durch ihre z-Situation $z_j := (z_{1j}, z_{2j}, \ldots, z_{vj})$, das ist für jedes j eine Anzahl quantitativer Merkmale, beschrieben werden können. Außerdem soll für jedes Aggregat j seine Einsatzweise durch die Einsatzzeit t_j während der Betrachtungsperiode, also etwa durch die tägliche Laufzeit des Aggregates j während dieser Periode und die Einsatzintensität d_j charakterisiert werden können. Die Einsatzintensität d_j ist ein Maß für die Produktionsgeschwindigkeit des Aggregats während der Einsatzzeit und wird für die Betrachtungsperiode einheitlich festgelegt.

Die Inputmenge einer Produktionsfaktorart i am Aggregat j in der Betrachtungsperiode läßt sich nach *Gutenberg* als Verbrauchsfunktion in folgender Form angeben:

$$(1.8) \quad r_{ij} = f_{ij}(z_j, d_j, t_j)$$

$$i = 1, 2, \ldots, n; \quad j = 1, 2, \ldots, m.$$

1o) Siehe hierzu: *Kloock*, [Input-Output-Modelle, 1969].

11) *Gutenberg* selbst wählt eine geringfügig abweichende mathematische Darstellung.

Bezüglich der z-Situation nimmt nun *Gutenberg* an, daß sie für die Betrachtungsperiode vorgegeben ist und daß die Inputs infolgedessen nur noch von d_j und t_j abhängen. Um zu einer Input-Output-Beziehung zu kommen, erklärt *Gutenberg* d_j und t_j als Funktionen der verlangten Ausbringung x:

$$(1.9) \quad \begin{cases} d_j = \phi_j(x) \\ t_j = \psi_j(x) \end{cases}$$

Die Funktionen ϕ_j und ψ_j sind in der Regel durch technische Gesetzmäßigkeiten allein noch nicht festgelegt, sondern durch Entscheidungen des Produzenten wählbar unter einer technischen Bedingung der Form

$$(1.1o) \quad x = g(d_1, \ldots, d_m; t_1, \ldots, t_m),$$

denn meist sind mehrere Kombinationen der d_j und t_j möglich, die zu demselben Output x führen. Durch die ϕ_j und ψ_j ist die Anpassungsstrategie des Produzenten an verschiedene verlangte Ausbringungen charakterisiert. Im allgemeinen kann man die Anpassungsstrategie natürlich nicht als bekannt voraussetzen; es ist vielmehr häufig gerade die zu lösende Aufgabe, ganz bestimmte Anpassungsstrategien aufzusuchen. So ist es beispielsweise Aufgabe der Produktions- und Kostentheorie, kostenminimale Anpassungsstrategien zu charakterisieren, ihre Existenz zu zeigen und sie rechnerisch auffindbar zu machen [12].

Schematisch kann nun die *Gutenberg*'sche Produktionsfunktion wie folgt dargestellt werden:

$$(1.11) \quad x \begin{array}{l} \xmapsto{\phi_j} d_j \\ \xmapsto[\psi_j]{} t_j \end{array} \Bigg\} \xmapsto{f_{ij}} r_{ij}$$

Darin bezeichnet $\longmapsto$ den Abbildungspfeil zwischen Elementen. Die *Gutenberg*-Produktionsfunktion ist also eine mittelbare

---

12) Zu kostenminimalen Anpassungsstrategien siehe *Jacob*, [Produktionsplanung, 1962] und die neueren Arbeiten von *Karrenberg - Scheer*, [Ableitung, 197o] und *Schüler* [Anlageneinsatz, 197o].

Funktion und sie setzt im allgemeinen eine Anpassungsstrategie voraus, die durch Entscheidung festgelegt werden muß. Man sieht nun ohne weiteres, daß die Einschränkung auf den Einproduktbetrieb nicht notwendig ist. An unserer Darstellung ändert sich nichts, wenn man x als einen Vektor verschiedenartiger Ausbringungsmengen auffaßt, den man (unter Beachtung von Koppelungsverhältnissen und in gewissen Grenzen) frei wählen kann [13].

Für *Chenery* bedeutet Produktion technisch gesehen immer Umwandlung, Übertragung oder Anwendung von Energie. Er zerlegt den Betrieb (plant) in technische Untereinheiten (principal items of equipment) wie z.B. Öfen, Dampfkessel, Reaktoren, Motoren, Generatoren, Werkzeugmaschinen, Fahrzeuge und Transporteinrichtungen, mit deren jeder ein chemisch- oder physikalisch-technisch analysierbarer, typischer Energieumwandlungs-, Übertragungs- bzw. Anwendungsprozeß (process) verbunden ist. An einem solchen Prozeß sind als "Elemente" Werkstoffe, Faktoren (das sind Kapitalgüter einschließlich Fabrikatebestände und Gebäude, Arbeitskräfte und Energie) und Pro-

---

13) Darin liegt ein Vorteil unserer Darstellung gegenüber der spezielleren Interpretation von *Schmidt*, [Kapazitätsplanung, 1968], S. 1o - 12 und 28 - 3o, wo d_j als durchschnittliche Produktionsgeschwindigkeit mit der Eigenschaft $x = d_j \cdot t_j$ aufgefaßt wird. Beachtet man nur *Gutenbergs* "produktionstheoretische Perspektiven", [Produktion [18]1971], S. 326 - 337, dann genügt es anzunehmen, daß d_j den Intensitätsverlauf am Aggregat j während der Betrachtungsperiode in dem Sinne vollständig charakterisiert, daß funktionale Beziehungen der Form (1.8) für alle Paare (i,j) empirisch in hinreichender Näherung gelten und daß tatsächlich hinreichend genau der Output x produziert wird, wenn die durch (1.9) festgelegten Intensitäten und Einsatzzeiten an jedem Aggregat j eingehalten werden. Man vgl. auch *Schmidt*, [Produktionsfunktion, 1967] und *Pack*, [Elastizität, 1966], S. 73 ff. *Gutenberg* selbst weist schon darauf hin, daß die Verbrauchsfunktionen nur näherungsweise gelten: [Produktion [18]1971], S. 324 - 327.

dukte (Outputs) beteiligt. Die Werkstoffmengen kennzeichnet er durch den Vektor m, die Faktoreinsatzmengen durch den Vektor y und die Produktmengen durch den Vektor x; jedem dieser Elemente kommt außerdem eine Liste quantitativer Merkmale zu, die ihre technischen Eigenschaften beschreiben. Die technischen Eigenschaften der Materialien werden mit μ, die der Faktoren mit ρ und die der Produkte mit ξ bezeichnet. Die Zusammenfassung aller dieser Listen wird mit dem Symbol π belegt. Die technischen Analysen liefern nun eine "engineering production function" der Form [14)]

$$(1.12) \quad \chi(x,\ \xi,\ \mu,\ \rho) = 0$$

und "input functions" der Form

$$(1.13) \quad \begin{aligned} m &= m(\pi) \\ y &= y(\pi). \end{aligned}$$

Die Ähnlichkeit der Ansätze *Gutenbergs* und *Chenerys* ist auffallend [15)]. *Chenerys* Ansatz ist insofern allgemeiner, als er nicht nur für die Potentialfaktor-Betriebsmittel eine z-Situation und Einsatzzeit sowie -intensität einführt, sondern entsprechende Kennzeichnungen der technischen Eigenschaften und des Einsatzes auch für die übrigen Produktionsfaktoren, ebenfalls Kennzeichnungen der technischen Eigenschaften der Produkte. *Chenerys* "engineering production function" in der hier verallgemeinerten Form (1.12) enthält *Gutenbergs* Beziehungen zwischen Output, Intensität und Ein-

---

14) *Chenery* selbst schreibt die "engineering production function" in der Form

$$\begin{aligned} \phi(x,\ \xi,\ \mu,\ E_r) &= 0 \\ E_r &= E(\rho). \end{aligned}$$

Darin bezeichnet E_r den Energiebedarf. Dieses Gleichungssystem dürfte jedoch im allgemeinen nicht ausreichen, um die mit dem Output x vereinbaren Kombinationen der technischen Variablen $\pi = (\xi,\ \mu,\ \rho)$ als Lösungen zu kennzeichnen. Vgl. *Chenery*, [Process and Production Functions, 1953], S. 3o4.

15) Bezüglich des folgenden anderer Ansicht ist *Pressmar*, [Kosten- und Leistungsanalyse, 1971], S. 1o3 f, 117.

satzzeit (1.9) als Spezialfall. Die d_j und t_j bilden hier den Merkmalskatalog ρ, der im übrigen die bei *Gutenberg* konstant gesetzte z-Situation umfaßt, sowie die Eigenschaften und die Einsatzmerkmale der Arbeitskraft und der Verbrauchsfaktor-Betriebsmittel. Die Input-Funktionen (1.13) bei *Chenery* sind entsprechend verallgemeinerte Analoge zu *Gutenbergs* Verbrauchsfunktionen (1.8).

In der Interpretation besteht jedoch ein Unterschied zwischen den Verbrauchsfunktionen *Gutenbergs* und den Input-Funktionen bei *Chenery*: Nach *Gutenberg* gehen in die Produktionsfunktion "nicht die Faktorbestände, sondern die Faktoreinsatzmengen (die abgegebenen Faktorleistungen) ein" [16]. Die Verbrauchsfunktionen für Potentialfaktor-Betriebsmittel geben den leistungsabhängigen Substanzverzehr an [17]. Demgegenüber geben die Inputfunktionen bei *Chenery* die benötigten Kapazitäten der eingesetzten Kapitalgüter wieder und diese sind dem Bestand proportional [18].

---

16) *Gutenberg*, [Produktion [18]1971], S. 325.

17) ebenda, S. 326.

18) *Chenery* schließt nicht ausdrücklich aus, daß neben der Bestandsinputfunktion auch noch eine Verbrauchsinputfunktion angegeben wird. In seinen Beispielen kommt jedoch eine leistungsabhängige Abschreibung nicht vor. Vgl. [Process and Production Functions, 1953], S. 312 - 323, insbes. S. 318.
Bei *Mathilda Holzman* [Classification and Aggregation, 1953], S. 353 findet sich eine Verbrauchsfunktion für Drehstähle, die man ebenfalls als Potentialfaktor-Betriebsmittel auffassen kann, nicht jedoch für die Abschreibung der Drehbank. *Anne P. Grosse* [Structure, 1953], behandelt maschinelle Prozesse in der Textilindustrie. Als Potentialfaktor-Betriebsmittel-Input treten auch bei ihr nur Bestandsinput-Funktionen auf. Bei ihrer Betrachtung des technischen Fortschritts für einen bestimmten Maschinenprozeß bei der Gesamtbranche betrachtet sie jedoch auch die Zahl der Anlagenneukäufe (und -verschrottungen), um den Produktionskoeffizienten der "Average Production Function" einer längeren Periode aus den "Best Practice Production Functions" in Zeitpunkten zu ermitteln, siehe S. 4o2 ff., insbes. S. 4o9 f. Auch bei *Ferguson*, [Air Transportation, 1953] interessiert die leistungsbedingte Abschreibung auf das Fluggerät nicht, nur die Bestandseinsatzfunktion, siehe insbes. S. 423 f.

3. Zu der Frage, ob Bestandseinsatz oder Substanzverzehr als Input von Potentialfaktor-Betriebsmitteln in die Produktionsfunktion einzugehen hat, sind die Ansichten in der produktionstheoretischen Literatur 19) auch sonst kontrovers. Wer mit Bestandseinsatzfunktionen auskommen will, muß zeigen, daß entweder der Substanzverzehr nicht mit dem Output zusammenhängt oder daß er keine Kosten verursacht. Und wer den Substanzverzehr als Input ansehen will, der muß ihn empirisch meßbar machen und zeigen, wie er mit dem Output und der Einsatzweise sowie den technischen Eigenschaften der Elemente des Produktionsprozesses zusammenhängt. Beides scheint bisher noch nicht befriedigend gelungen und aus dem daraus resultierenden Dilemma einen Ausweg zu suchen, soll die eine Aufgabe der folgenden Untersuchungen sein.

Auch die andere Aufgabe dieser Untersuchungen stellt sich durch abweichende Auffassungen zwischen *Gutenberg* und *Chenery*. Wie schon dargelegt, sind die Ansätze nicht nur der Form sondern auch der inhaltlichen Substanz nach sehr ähnlich. Das Interesse beider Autoren konzentriert sich auf die empirisch-theoretische Erklärung der Faktorsubstitutionsmöglichkeiten industrieller Produktion, speziell auf die Frage, ob für die Realität industrieller Produktion die Möglichkeit peripherer Faktorsubstitution repräsentativ ist oder nicht, m.a.W. ob man den Faktoren oder Gruppen komplementärer Faktoren zu recht stetige partielle Grenzproduktivitäten zuordnet 2o). Und beide Autoren sehen in den Gesetzmäßigkeiten der Produktionstechnik das Fundament einer befriedigenden Erklärung der Input-Output-Relationen industrieller Produktion.

---

19) Siehe z.B. die Darstellung dieser Kontroverse bei *Kloock*, [Input-Output-Modelle, 1969], S. 19 f.

2o) Vgl. *Gutenberg* [Produktion ^{18}1971], S. 325 und *Chenery* [Process and Production Functions, 1953], S. 32o f.

Verwendungsmöglichkeiten [7]. Für unsere Auseinandersetzung mit der Argumentation von *Schneider* wollen wir jedoch seinen Ausgangspunkt akzeptieren.

Schneider selbst hat verschiedentlich die Bedingungen herausgearbeitet, unter denen die Leistungsabgaben von Potentialfaktor-Betriebsmitteln einen Preis haben [8], nämlich dann, wenn Abweichungen der tatsächlichen Inanspruchnahme von der Inanspruchnahme, die der bei der Investitionsplanung zugrundegelegten Beschäftigung entspricht, auf die Zahlungsströme durchschlagen. Er bezieht sich hierfür auf die von *Keynes* eingeführte Idee der "user-costs", worunter man die Opportunitätskosten der Nutzung eines vorhandenen Kapitalgüterbestandes in der gegenwärtigen Periode verglichen mit der bestmöglichen späteren Nutzung zu verstehen hat [9]. *Schneiders* Ausführungen sind in diesem Punkt nicht ganz klar; wenn er schreibt:

"Für die planmäßige, bei der Investition und damit bei der Nutzungsdauerberechnung zugrundegelegte Beschäftigung ist die Leistungsabgabe 'kostenlos'. Nur die außerplanmäßigen, zusätzlichen Leistungsabgaben eines Aggregates können beschäftigungsabhängige Abschreibungskosten verursachen, aber auch nur dann, wenn das technische Nutzenbündel, welches die Anlage noch verkörpert, unter das geplante, für die Restnutzungsdauer der Anlage wirtschaftlich verwertbare Nutzenbündel sinkt." [1o),]

so scheint er damit zu behaupten, variable Kosten der Leistungsabgabe fielen bei planmäßiger Beschäftigung nicht an. Dies ist jedoch nur richtig, wenn verminderte Leistungsabgabe weder die Ersatzbeschaffung hinauszögert bzw. die zu beschaffende Quantität vermindert, noch Instandhaltungsaufwendungen einspart, wobei von einer bestimmten Instandhaltungspolitik auszugehen ist [11],

---

7) Vgl. *Robbins*, [Nature, ²1952], S. 13.

8) Hierzu die oben in Fußnote) angegebenen Stellen.

9) *Keynes*, [General Theory, 1936], S. 52 f und S. 66 - 73.

1o) *Schneider*, [Kostentheorie, 1961], S. 7o5.

11) Vgl. *Schneider*, [Nutzungsdauer, 1961], S. 36.

noch schließlich eine abnutzungsbedingte Verschlechterung der Leistungsfähigkeit des Aggregates auf die Einzahlungen durchschlägt. Der "Einfluß ein(es) Nachhinken(s) der Leistungsabgabe gegenüber den Erwartungen" kann insofern nicht "unerörtert bleiben", wenn es gilt, die variablen Kosten der Leistungsabgabe festzustellen[12]. Wir interpretieren *Schneider* aber dahingehend, daß er die Leistungsabgabe von Potentialfaktor-Betriebsmitteln dann als ökonomisches Gut, mithin als Produktionsfaktor ansieht, wenn eine Abweichung von der im Investitionsplan vorgesehenen Beschäftigung auch Abweichungen in den Zahlungsströmen verursacht, sei es nun über die Wiederbeschaffungsauszahlungen, sei es über die Instandhaltung oder sei es über abnehmende technische Leistungsfähigkeit, die sich in den Einnahmen äußert. Er argumentiert nun aber von "den gegenwärtigen technischen und sozialen Umweltbedingungen" her, daß in der Regel technische oder wirtschaftliche Obsoleszenz die optimale Nutzungsdauer von Anlagen bestimmt und nicht technische Abnutzung und folgert daraus, daß "die einzelnen Leistungsabgaben der Betriebsmittel - bis auf wenige Ausnahmen - grenzkostenlos zur Verfügung stehen"[13]. *Schneider* zeigt aber nicht, daß Instandhaltung und abnehmende Leistung infolge von Abnutzung wirklich nur in seltenen Ausnahmefällen Einfluß auf die Zahlungen ausüben; vielmehr ist es leicht, zahlreiche Beispiele aufzuführen von Potentialfaktor-Betriebsmitteln, deren Lebensdauer durch technische Abnutzung verbunden mit Unwirtschaftlichkeit der technisch zwar möglichen Reparatur beendet wird. Nur einige mögen hier kurz angedeutet sein.

---

12) Vgl. *Schneider*, [Kostentheorie, 1961], S. 7o5.

13) *Schneider*, [Grundlagen, 1961], S. 381 f.

a) Die überwiegende Mehrzahl der Automobile endet - wo nicht durch Katastrophenverschleiß [14] - deshalb, weil es zu teuer werden würde, sie das nächstemal über den TÜV zu bringen. Man könnte einwenden, das liege in der Mehrzahl der Fälle aber am reinen Zeitverschleiß, so daß die Nutzung dennoch kostenlos sei. Ob dieser Einwand berechtigt ist, hängt aber ab von dem, was man unter Nutzung versteht. Auch wenn man nicht oder nicht viel fährt, das Auto aber fahrbereit hält, so kann man die Fahrbereitschaft als Output verstehen, der auf sehr verschiedene Weise produziert werden kann (mit Garage oder ohne, unterschiedliche Wartung usw.); die Intensität, mit der die Fahrbereitschaft an dem Nutzungspotential zehrt, hängt wieder von den äußeren Bedingungen ab (Temperaturschwankungen, Luftfeuchtigkeit usw.). Mit bloßen Bestandseinsatzmengen kann man diese Zusammenhänge kaum erklären. - Bei Autoteilen wie Motoren, Getrieben, Kupplungen, Achsschenkelbolzen usw. steht außerdem fest, daß sie häufig abnutzungsbedingt ausgetauscht werden [15].

b) Im Bereich der Fertigungstechnik sind die Werkzeuge gute Beispiele für Potentialfaktor-Betriebsmittel, deren Lebensdauer abnutzungsbestimmt ist: Sägeblätter, Bohrer, Fräser, Drehstähle aber auch Werkzeuge für nicht spanende Verformung wie Ziehsteine, Gesenke, Preß- und Stanzwerkzeuge. Natürlich kommt auch der Fall vor, daß Obsoleszenz das Leben von Werkzeugen beendet, z.B. bei schnellem Modellwechsel in der Automobilindustrie werden die Karosserie-Preßwerkzeuge obsolet [16]. In der deutschen Automobilindustrie dürften allerdings auch Preßwerkzeuge schon redlich verschlissen worden sein.

---

14) Katastrophenverschleiß ist aber auch nutzungsabhängig. Das Unfallrisiko, das hier als Kostenfaktor maßgebend ist, ist durch die Nutzung gegeben.

15) Das von *Schneider* herangezogene Sonntagsfahrerbeispiel [Grundlagen, 1966], S. 373 f ist etwas realitätsfern. Man zahlt nämlich, wenn man ein Auto mietet, nicht nur einen fixen Tagessatz, sondern auch einen fahrtstreckenabhängigen Mietpreisbestandteil und trägt dann trotzdem noch die Benzinkosten selbst. Vgl. z.B. die Tabelle der durchschnittlichen Mietwagenpreise in *Wanner*, [Auto, 1971], S. 71, Spalten 1 - 4.

16) *Menge*, [Style Change, 1962].

c) Bei Maschinen unterliegen meist bestimmte Teile der Abnutzung, andere dagegen kaum. Die ganze Maschine kann aber deshalb trotzdem aus Gründen der Abnutzung ausscheiden, weil der Verschleiß an den Teilen so weit fortgeschritten ist, daß es billiger ist neu zu kaufen als zu reparieren. Wenn an einer Maschine mit vielen hydraulischen Funktionsmechanismen (Bagger, Planierraupe, aber auch in Fabrikbetrieben kommen solche vor) die Oberflächengüte der Hydraulikkolben nachgelassen hat, die Ventilsitze der Steuergeräte ausgeschlagen sind usw., dann kann eine Reparatur technisch ziemlich einfach sein, indem man die schadhaften Elemente auswechselt. Man tut dies nicht, weil die Konstruktion inzwischen technisch obsolet ist. Aber der Zeitpunkt der Neuanschaffung wird durch die Abnutzung der alten Maschine bestimmt.

Die Beispiele ließen sich vermehren. Was sie zeigen sollen ist lediglich, daß in der betrieblichen Realität, auch unter den gegenwärtig herrschenden Bedingungen dem Nutzungsverschleiß eine Bedeutung zukommt, die nicht erlaubt, ihn einfach zu vernachlässigen. Darüberhinaus scheinen die gegenwärtig herrschenden Bedingungen, unter denen der Obsoleszenz eine so dominierende Rolle zukommt, dem Aussagezusammenhang der Produktions- und Kostentheorie gegenüber äußerlich, ja zufällig. Produktions- und Kostentheorie zu treiben, ist nur sinnvoll auf der Basis allgemeinerer Bedingungen, denn für die gegenwärtig in Marktwirtschaften vorherrschenden Bedingungen lassen sich weitergehende Ergebnisse erzielen. Die Produktions- und Kostentheorie kann sich daher nicht davon dispensieren, die Leistungsabgaben von Potentialfaktor-Betriebsmitteln, allgemeiner, deren produktionsbedingten Verbrauch meßbar zu machen und in einem einheitlichen Zusammenhang mit Obsoleszenz und Zeitverschleiß zu behandeln.

2. Zur Messung des produktionsbedingten Verzehrs an Potentialfaktorbetriebsmitteln hat *Gutenberg* vorgeschlagen, in einem Potentialfaktor-Betriebsmittel-Aggregat das Analogon zu einem Lagerbestand von Verbrauchsfaktoren zu sehen:

"Man kann jedes Aggregat als ein Bündel von Leistungen auffassen, aus dem so lange Nutzungen entnommen werden können, als sich seine Leistungsfähigkeit noch nicht erschöpft. Wann diese Erschöpfung eintritt, hängt zwar nicht allein, aber doch wesentlich von seiner Inanspruchnahme ab. Verlangt man von einem Betriebsmittel eine hohe Leistungsintensität, dann gibt es in einer Zeiteinheit mehr Leistungen oder Nutzungen in den Produktionsprozeß hinein, als das bei geringerer Intensität der Fall sein würde." 17)

Das Nutzungspotential eines Potentialfaktor-Betriebsmittels ist also nach dieser Vorstellung eine einzige skalare Größe, ein mengenmäßiger Bestand von Leistungen bestimmter Qualität. Für diese Leistungen gibt es Verbrauchsfunktionen wie für die Verbrauchsfaktoren auch, die in Abhängigkeit von verschiedenen technischen Variablen, durch die die Inanspruchnahme des Aggregats gemessen wird, angeben, wieviel von dem vorhandenen Bestand in einer bestimmten Betrachtungsperiode produktionsbedingt abgeht. Diese Verbrauchsfunktionen werden hier als Potentialverbrauchsfunktionen bezeichnet.

Das Konzept der Potentialverbrauchsfunktion wurde im Anschluß an *Gutenberg* von *Albach* aufgegriffen und ausgebaut [18)]. Er geht davon aus, daß die Anschaffung eines Aggregates der Unternehmung ein Leistungspotential bestimmter Höhe zuführt (S. 187 [19)]). Dieses Potential wird gemessen durch die Anzahl der Outputeinheiten, die bei Einhaltung optimaler Intensität auf dem Aggregat gefertigt werden können, bis es vollständig

---

17) *Gutenberg*, [Produktion, [18]1971], S. 326; [Produktion, [1]1951], S. 237.

18) *Albach*, [Produktionstheorie, 1962], S. 187 - 191.

19) Die Seitenzahlen im Text dieses Abschnittes beziehen sich auf *Albach*, [Produktionstheorie, 1962].

abgenutzt ist (S. 188f). Wird nun mit nicht optimaler Intensität, d.h. mit einer Intensität, bei der der Maschinenverschleiß je Produkteinheit nicht minimal ist, produziert, so benötigt man für eine Produkteinheit mehr als eine Einheit des Leistungspotentials. Besondere Aufmerksamkeit widmet *Albach* dem Umstand, daß das Leistungspotential eines Aggregates nicht nur durch Nutzung sondern auch durch Alterung mit der Zeit abnimmt (S. 187); in der Potentialverbrauchsfunktion nach *Albach* erscheint daher nicht nur der streng durch die Erstellung von Outputgütern verursachte Verschleiß; vielmehr erscheint auch die Kalenderzeit als unabhängige Variable in dieser Funktion. Bezüglich der Form der Potentialverbrauchsfunktion hält *Albach* es ohne nähere Begründung für "vertretbar, eine lineare Abnahme des Leistungspotentials mit der Zeit zu unterstellen" (S. 187) und geht davon aus, daß ruhender Verschleiß und Nutzungsverschleiß voneinander unabhängig sind und einfach addiert werden können zum Gesamtverschleiß. Er macht im übrigen auch darauf aufmerksam, daß die Zeit noch eine weitere im Rahmen von Investitionsrechnungen beachtliche Wirkung auf das Aggregat haben kann, nämlich seine Entwertung infolge technischer Obsoleszenz (S. 187), die jedoch vom Verschleiß des Nutzungspotentials getrennt analysiert werde (was in dem zitierten Aufsatz jedoch nicht geschieht).

An der Grundvorstellung, die dem Konzept der Potentialverbrauchsfunktion als Ausgangspunkt dient, nämlich daß jedes Aggregat ein Bestand von homogenen Einzelleistungen sei, könnte man kritisieren, daß sie nicht erlaube, dem Umstand Rechnung zu tragen, daß mit fortschreitender Abnutzung die Maschine immer schlechter arbeitet. Diesem möglichen Einwand begegnet nun *Albach*, indem er in die Verbrauchsfunktionen der übrigen an dem Aggregat eingesetzten Faktoren je einen Trendbestandteil einfügt, der dem Zeitverschleiß und dem Nutzungsverschleiß des Aggregates Rechnung tragen soll (S. 19of). Damit werden der

bis zu einem Zeitpunkt aufgetretene Potentialverbrauch durch Zeitverschleiß und kumulierte Abnutzung des Potentials gewissermaßen zum Ersatzmaßstab [2o] gemacht für die z-Situation des Aggregates in der *Gutenberg*-schen Verbrauchsfunktion (1.8) (siehe oben, Kapitel I). Betrachtet man *Albachs* "dynamische Verbrauchsfunktion" (51) (S.191), so wird deutlich, daß jede Verbrauchsfunktion einer Periode t aus der entsprechenden Verbrauchsfunktion des Neuzustandes dadurch hervorgehen soll, daß sie mit einer linearen Funktion des Alters der Maschine multipliziert und um einen Betrag nach oben verschoben wird, der von dem kumulierten Gesamtverbrauch des entsprechenden Verbrauchsfaktors an dem Aggregat bis zur Periode t abhängt. *Albachs* Vorschlag läuft also gewissermaßen darauf hinaus, die z-Situation des Aggregates durch Alter und kumulativen Faktorverbrauch zu kennzeichnen. Hinzu tritt dann noch die Beschränkung des Gesamtpotentials.
Man muß diesen Ansatz nun der Kritik von *D. Schneider* konfrontieren, die ja - vereinfacht - darin besteht, daß infolge technischer oder wirtschaftlicher Obsoleszenz das Gesamtpotential nicht voll ausgenutzt zu werden pflegt, so daß die Leistungsabgaben des Aggregates grenzkostenlos zur Verfügung stehen. Dagegen aber muß man den Ansatz verteidigen. Denn wir haben schon gesehen, daß dies nicht allgemein zutrifft und daß deshalb sehr wohl die Notwendigkeit einer Erfassung des mengenmäßigen Potentialverzehrs besteht; zu bestimmen, wann die Grenzkosten null werden, ist in diesem Falle eine Frage des Verrechnungspreises für die Potentialein-

---

2o) In ähnlicher Weise ließe sich ein Vorschlag von *Thompson* als den Versuch ansehen, einen Ersatzmaßstab für den Zustand des Aggregats (seine momentane Leistungsfähigkeit) zu sehen im Veräußerungswert der Maschine. Darauf kommen wir weiter unten noch zurück. (Siehe S.91).

heit und kann in die "Kostenwerttheorie" [21] verwiesen werden. *Albach* jedoch sucht nach einer anderen Lösung: Im Rahmen eines Programmierungsansatzes zur simultanen Optimierung von Produktionsprogrammplanung über mehrere Perioden und Investitionsplanung würde sich die Frage nach dem Verrechnungspreis der Potentialeinheit ganz von selbst beantworten. Die Potentialverbrauchsfunktion müßte in einem solchen Ansatz in Nebenbedingungen eingehen, die sicherstellen, daß in jeder Periode der kumulierte Potentialverbrauch, der für die Produktion verplant wird, nicht größer ist als das in der jeweiligen Periode noch vorhandene Potential. Dabei sind auch die Ersatzbeschaffungen einzubeziehen. (Diese sind in *Albachs* Nebenbedingungen (55) und (62), S. 192 bzw. 199 nicht berücksichtigt.) Die wirtschaftliche Obsoleszenz macht sich in einem solchen Ansatz über ein Sinken der Umsatzeinnahmen von Periode zu Periode bzw. ein Steigen der laufenden Ausgaben, die der Betrieb der Maschine erfordert, hinlänglich bemerkbar und die technische Obsoleszenz müßte in den Verbrauchsfunktionen der Ersatzinvestitionen ihren Niederschlag finden. Im Prinzip ist es also gerade ein Programmierungsansatz, der eine allgemeine, nicht auf fragwürdige Einschätzungen der "gegenwärtigen sozialen und technischen Umweltbedingungen" [22] angewiesene Lösung des Bewertungsproblems für die Potentialfaktorinputs bringen könnte, ein Tatbestand, den *Dieter Schneider* zu übersehen scheint bei seiner Polemik gegen die "jüngere Theorie" mit ihren unvollkommenen Rechentechniken und der "Überbetonung technischer Eigenheiten der Produktionstheorie" [23]. Einräumen muß man allerdings, daß technische Schwierigkeiten bisher einer einwandfreien praktikablen Lösung auf dem Wege jenes Programmierungsansatzes entgegenstehen.

---

21) Vgl. *Heinen*, [Kostenlehre, ^{3}197o], S. 254 f.

22) *Schneider*, [Grundlagen, 1966], S. 382.

23) *Schneider*, [Grundlagen, 1966], S. 371 f und S. 376, bes. die Fußnote.

Die Problemstellung scheint aber auf diesem Wege klarer erkennbar als für eine Theorie, die sich über die technologischen Gesetzmäßigkeiten der Produktion keine eingehenden Gedanken macht.

Dies gilt natürlich nur unter der Voraussetzung, daß sich ein Aggregat gemäß dem Konzept der Potentialverbrauchsfunktion durch ein Nutzungspotential kennzeichnen läßt, an dem Abnutzung und ruhender Verschleiß als Funktionen der Inanspruchnahme bzw. der Zeit zehren. Diese Voraussetzung speziell des Ansatzes von *Albach* aber auch allgemein des Konzepts der Potentialverbrauchsfunktion ist nun zu diskutieren.

In der Literatur [24)] wird verschiedentlich darauf hingewiesen, daß das Leistungspotential eines konkreten Aggregatexemplars nicht unmittelbar festgestellt werden kann, es ist ex ante kein beobachtbares Merkmal des jeweiligen Exemplars. Die technologischen Zusammenhänge, die darüber bestimmen, wieviele Produktionsvorgänge das Aggregat aushält, sind sehr komplex und unterliegen der Einwirkung einer unübersehbaren Vielfalt von Störfaktoren. Die Zuordnung eines quantitativ genau bestimmten Nutzungspotentials hat den Zweck, diese technologischen Zusammenhänge aus dem Gegenstandsbereich der Produktionstheorie herauszuhalten und ihre Klärung einer anderen als der ökonomischen Disziplin, notfalls unterstützt durch die subjektive Schätzung des Praktikers zu überantworten. Eine Kritik an dem Konzept der Potentialverbrauchsfunktion hat daher zu untersuchen, welche Annahmen bezüglich der besagten technologischen Zusammenhänge die Zuordnung eines bestimmten Leistungspotentials impliziert.

---

24) z.B. *Heinen*, [Kostenlehre, ^{3}197o], S. 253;
Kloock, [Input-Output-Modelle, 1969], S. 61 f;
Schneider, [Nutzungsdauer, 1961], S. 35 ff.
Betont wird die Einwirkung ökonomischer Entscheidungen auf die Höhe des Leistungspotentials.

Dabei hat man zunächst davon auszugehen, daß diese technologischen Zusammenhänge wohl niemals restlos geklärt werden können. Der "Zufall" wird immer eine mehr oder weniger große Rolle spielen. Dies kann man sich an dem relativ einfachen Beispiel einer Glühlampe klarmachen. Die Brenndauer einer Glühlampe hängt zumindest von der Ausgangsbeschaffenheit des jeweiligen Exemplars ab, z.B. der Regelmäßigkeit der Wendelform, dem Vakuum im Kolben, der Lage des Wendels im Kolben; zum Teil sind dies Merkmale, die man beim einzelnen Stück nicht feststellen kann, ohne es zu zerstören. Messung der Brenndauer und Messung der Einflußfaktoren schließen einander daher teilweise aus. Um weiterhin die Inanspruchnahme der Glühlampe beschreiben zu können, müßten der Spannungsverlauf während der Brennzeit, die einwirkenden Erschütterungen, die Temperaturverhältnisse und vielleicht noch andere Faktoren exakt kontrollierbar sein. Und selbst dann kann noch nicht für jede mögliche Erschütterung vorausgesagt werden, ob sie den glühenden Wendel zerstören wird oder nicht.

Diese Schwierigkeiten machen nun aber dennoch das Konzept des Nutzungspotentials nicht wertlos, sie bestimmen lediglich seine adäquate Interpretation für verschiedene Fälle, nämlich ob die Maßgröße für das Leistungspotential als Mittelwert über eine Anzahl ziemlich unterschiedlicher Einzelexemplare anzusehen ist oder als ein typischer Wert, von dem jedes Einzelexemplar nur innerhalb vernünftiger Fehlergrenzen abweicht.

Der folgende Kritikpunkt dagegen dürfte das Konzept tödlich treffen: Über den bloßen Zufall hinaus wird das Leistungspotential entscheidend mitbestimmt von der Instandhaltung, jedenfalls dann, wenn es sich um reparierbare oder wartungsbedürftige Aggregate handelt. Ist nämlich das Auftreten reparierbarer Störungen abhängig vom Inanspruchnahmeverlauf, dann kann der tatsächlich ablaufende Prozeß von Störung und Instandhaltung bei sonst gleichen Exemplaren je nach Inanspruchnahme völlig verschieden verlaufen und somit zu völlig verschiedenen Leistungspotentialgrößen führen. Untersuchen wir nun, was diese Abhängigkeit des Nutzungspotentials von der Instandhaltung für *Albach*. Hypothesen über die Wirkung von Zeit- und Nutzungsverschleiß auf das Nutzungspotential und die Verbrauchsfunktionen der sonstigen am Aggregat einzusetzenden Produktionsfaktoren bedeutet. *Albachs* Ansatz bezieht sich ausdrücklich auf Aggregate. Betrachten wir nun ein Aggregat aus zwei Komponenten. Die eine möge mehr dem Zeitverschleiß unterliegen ("Karrosserie"), die andere mehr der Abnutzung ("Motor"). Wie wirken nun Abnutzung und Zeitverschleiß auf das System ("Auto"), wenn für die Komponentenaggregate die Hypothesen von *Albach* richtig sind?

- Wird in den ersten Perioden das Auto viel benutzt, dann wird der Motor zu einem Zeitpunkt ausfallen, in dem die Karrosserie noch so gut ist, daß sich der Einbau eines Austauschmotors lohnt. Wird hingegen das Auto wenig gefahren, so wird der Motor erst später ausfallen, zu einem Zeitpunkt, in dem vom Zustand der Karrosserie her gesehen ein Austauschmotor nicht mehr lohnt. Der ganze Wagen wird dann verschrottet. Da es sich in beiden Fällen um dasselbe Aggregat handelt, muß der Zeitverschleiß in beiden Fällen gleich schnell vor sich gehen. Der Nutzungsverschleiß müßte im ersten Fall höher sein, da mehr Nutzungen gezogen werden. Trotzdem hat das System im ersten Fall eine längere Lebensdauer, freilich nur auf Kosten erhöhter Instandhaltungsaufwendungen. Damit zeigt sich zweierlei: Erstens: Die Wirkung von Zeitverschleiß und Nutzungsverschleiß addieren sich im allgemeinen nicht einfach. Zweitens: Auch für den Verbrauchsfaktorverzehr treffen *Albachs* Trendhypothesen nicht zu, denn der Einbau des neuen Motors wird einen etwa vorhandenen Trend unterbrechen. Bezieht man die Instandhaltungsaufwendungen (für den Einbau der neuen Maschine) mit in den Verbrauchsfaktorverzehr ein, so hat man ein weiteres Argument gegen die Gültigkeit von *Albachs* Hypothese, dieser Verzehr folge einem zeit- und nutzungsabhängigen Trend. Denn in dem Beispiel gibt es einen kritischen Zeitpunkt derart, daß ein früheres Ausfallen des Motors zu hohen Instandhaltungskosten führt, ein Ausfallen nachher zu niedrigeren Instandhaltungskosten, aber früherem Ersatz. Das bedeutet aber, es gibt eine Schwelle bei der Inanspruchnahme des Leistungspotentials, bei der die Instandhaltungsaufwendungen einen Sprung aufweisen. Bezieht man aber die Instandhaltungsaufwendungen nicht in den Verbrauchsfaktorverzehr ein, so ist *Albachs* Modell unvollständig, denn dann werden diese Aufwendungen überhaupt nicht erfaßt. Dieser Kritik kann man den Ansatz *Albachs* allerdings entziehen, wenn man andere als kostenminimale Instandhaltungspolitiken zuläßt, was innerhalb einer Produktions- und Kostentheorie jedoch ex definitione nicht möglich ist.

Eine andere Version des Konzeptes der Potentialverbrauchsfunktion wurde von *Pressmar* vorgeschlagen [25]. Dieser Autor hat klar herausgearbeitet, daß "die Abnutzung eines Aggregates ... sich nicht global angeben" läßt [26]. Er sieht jedes Potentialfaktor-Betriebsmittel-Aggregat als ein System aus einzelnen "Verschleißteilen" an. Nicht das System als ganzes, sondern nur die einzelnen Verschleißteile unterliegen nach seiner Auffassung der Abnutzung und die Verschleißteile sind infolgedessen gesondert als Potentialfaktoren zu betrachten. An Beispielen zeigt *Pressmar*, wie sich der Verzehr an diesen Verschleißteilen unter der Annahme bestimmter, im Zeitablauf unveränderlicher Beanspruchungsbedingungen mithilfe ihrer Standzeit, ihrer Lebens- oder Wirkungsdauer messen läßt.

Gerade die Schwierigkeiten, die von der Instandhaltung ausgehen, werden durch diese Version des Konzeptes der Potentialverbrauchsfunktion ausgeschaltet - so jedenfalls könnte es scheinen. Jedoch auch für einzelne Verschleißteile erscheint die Annahme eines ganz bestimmten Nutzungspotentials nicht in jedem Falle unproblematisch, denn die Bestimmung des Nutzungspotentials, also der gesamten Nutzungsabgabe eines Verschleißteils bis zu seinem Ersatz - etwa durch ein identisches neues Exemplar - gibt im Rahmen einer Produktions- und

---

25) *Pressmar*, [Kosten- und Leistungsanalyse, 1971], S. 51-6o, 65-67, 11o, besonders 131 - 134, 137 - 144.

26) ebenda, S. 123.

Kostentheorie in manchen Fällen ein Optimierungsproblem auf; dann nämlich, wenn das Verschleißteil seine Aufgabe mit zunehmender Abnutzung immer schlechter erfüllt. Ein repräsentatives Beispiel aus der Praxis für diesen Sachverhalt ist dieser Untersuchung als Anhang A beigefügt. Die Verschlechterung besteht hier darin, daß das Aggregat wegen des Werkzeugverschleißes immer langsamer arbeitet. Man trifft viele andere ähnliche Beispiele in der Praxis an: Die Verschlechterung kann sich auch als Erhöhung des Energieverbrauches bemerkbar machen oder als Erhöhung der Bruchgefahr, wobei angenommen wird, daß präventives Auswechseln eines noch nicht gebrochenen Teils gegenüber der Reparatur nach Eintreten eines Bruches Kostenvorteile bietet.

Aber selbst in Fällen, in denen alle Verschleißteile eines Aggregates eine a priori bekannte Lebensdauer haben, wird *Pressmars* Version durch einen essentiellen Einwand getroffen: Sie berücksichtigt nicht den Systemzusammenhang der einzelnen Verschleißteile. Ohne jede Einwirkung von Obsoleszenz kann dieser dazu führen, daß die Lebensdauer einzelner Teile nicht voll ausgeschöpft wird. Den nutzungsbedingten Verschleiß von Systemen kann *Pressmars* Version nicht erfassen. Ein Systemzusammenhang zwischen Verschleißteilen eines Aggregates kann in drei verschiedenen Arten von Abhängigkeit [27] der Teile auftreten. Zunächst kann die Zustandsverschlechterung eines Teiles auch andere Teile in Mitleidenschaft ziehen. Geht z.B. bei einem Kolbenmotor eine Pleuelstange zu Bruch, dann werden irgendwelche anderen Teile des Motors mit zerstört. *Rinne* bezeichnet dies als stochastische Abhängigkeit von Teilen. Die zweite Form der Abhängigkeit, technische Abhängigkeit genannt, liegt vor, wenn das Auswechseln oder die Reparatur an einem Teil auch Arbeiten an

---

27) *Rinne*, [Instandhaltung, 1972], S. 77.

anderen Teilen erfordert. Ein Beispiel sind die Montagearbeiten, die in aller Regel anfallen, bis man zur eigentlichen Fehlerquelle vorgedrungen ist; ein anderes Beispiel: Wenn bei einem Kolbenmotor ein Zylinder ausgeschliffen wird, dann muß auch ein neuer Kolben eingesetzt werden, denn der alte würde nicht mehr passen. Die dritte Form der Abhängigkeit, die "wirtschaftliche Abhängigkeit liegt vor, wenn die Kosten einer gemeinsamen Instandhaltungsaktion für mehrere Teile kleiner sind als die Summe der individuellen Instandhaltungskosten." [28] Damit wird klar, daß bloße Disaggregation bis hin zu den einfachsten Elementen eines Aggregates allein die Hauptschwierigkeit des Konzeptes der Potentialverbrauchsfunktion nicht zu überwinden vermag, jedenfalls nicht im allgemeinen.

Die Kritik am Konzept der Potentialverbrauchsfunktion wurde hier an zwei speziellen Versionen dieses Konzepts festgemacht, hauptsächlich deshalb, weil sie hinreichend konkret und ausführlich vorgetragen worden sind, um eine gezieltere Kritik möglich zu machen. Die von der Betrachtung des Zusammenhangs zwischen Leistungspotential und Instandhaltung her geäußerte Kritik läßt sich jedoch auf das Konzept im ganzen verallgemeinern: Das Konzept der Potentialverbrauchsfunktion läßt diesen Zusammenhang nämlich grundsätzlich im Dunkel, es wird lediglich, in der Regel stillschweigend, eine bestimmte Instandhaltungspolitik vorausgesetzt. Damit aber begibt man sich der Möglichkeit, die Wirkung technischer Obsoleszenz auf den Faktorverzehr zu erfassen. Denn technische Obsoleszenz, d.h. also das Verfügbarwerden technisch überlegener Versionen vorhandener Aggregate wird dazu führen, daß Fehler nicht mehr repariert werden, die man noch reparieren würde, wenn identischer Ersatz vorgenommen würde. Man zieht also den Erneuerungszeitpunkt vor und spart damit Instandhaltungsmaßnahmen an-

---

28) *Rinne*, [Instandhaltung, 1972], S. 77.

Darin bezeichnen:

W_1 den Preis je Verbrauchsfaktormengeneinheit,

w_2 den "Flow Price" des Potentialfaktor-Betriebsmittels je Einheit und für die Betrachtungsperiode,

r_1 die Verzehrsmenge des Verbrauchsfaktors,

R_2 den Bestandseinsatz des Potentialfaktor-Betriebsmittels.

Der Flow Price w_2 ist keine Konstante, sondern hängt von der Lebensdauer des Potentialfaktor-Betriebsmittels ab und um ihn zu bestimmen, betrachtet *Smith* das Ersatzproblem. Er geht davon aus, daß der Produzent mit einer ganz bestimmten Anlage gegenwärtig arbeitet, die mit wachsender Lebensdauer steigende Reparatur-, Wartungs- und sonstige Betriebsaufwendungen erfordert. Diese Aufwendungen sind prinzipiell auch abhängig von der Inanspruchnahme. *Smith* geht also von einer Instandhaltungspolitik aus, die eindeutig bestimmt ist in jedem Zeitpunkt, sofern nur feststeht, daß die Anlage weiterbeschäftigt werden soll. Er schreibt die Reparatur-, Wartungs- und Betriebsaufwendungen des vorhandenen Aggregates als Funktion der Form $\phi_o(u_o, t)$. Darin bezeichnet u_o die durchschnittliche Inanspruchnahmeintensität der vorhandenen Anlage (average annual utilization rate) und t die Anzahl der Jahre vom Planungszeitpunkt bis zur Außerdienststellung, zum Ersatzzeitpunkt der vorhandenen Anlage. Das Problem ist nun die Feststellung des kostenoptimalen Ersatzzeitpunktes L_o der vorhandenen Anlage. Darüber kann man jedoch nur entscheiden, wenn man die ganze Kette der zukünftigen Ersatzinvestitionen mit berücksichtigt. *Smith* geht dabei nicht von der Hypothese identischer Ersetzung aus, sondern - im Anschluß an *Terborgh* - davon, daß der technische Fortschritt kontinuierlich neue Anlagen anbietet, die im Neuzustand immer geringere Instandhaltungs- und Betriebsaufwendungen verursachen. Die Funktion, die diese Aufwendungen für die Ersatzanlagen wiedergibt, enthält als Argument also noch den Anschaffungszeitpunkt. Für das i-te Ersatzaggregat in der Kette lautet sie:

$$\phi_i(u_i, \sum_{j=o}^{i-1} L_i, t) \ .$$

Über die Wartungs-, Reparatur- und Betriebsaufwendungen hinaus müssen nun noch Anschaffungsausgaben und Schrotterlöse in den Kostensatz w_2 eingehen. Für das vorhandene Aggregat sind die Anschaffungsausgaben "sunk costs" und daher nicht mehr beachtlich, für die Ersatzaggregate werden sie mit W_{2i}, $i = 1, 2, \ldots$ bezeichnet. Der Schrotterlös jedes Aggregates i wird als abnehmende Funktion seiner Lebensdauer $S_i(L_i)$ angenommen. Hiernach ergibt sich der Kapitalwert der Gesamtaufwendungen der vorhandenen Ausrüstung zu:

$$(2.2) \qquad v_o = \int_o^{L_o} \phi_o(u_o, t) e^{-\rho t} dt - S_o(L_o) e^{-\rho L_o} \ .$$

Darin bezeichnet ρ die Verzinsungsrate. Für die i-te Ersatzanlage in der Kette ergibt sich der entsprechende Kapitalwert zu:

$$(2.3) \qquad v_i = \exp(-\rho \sum_{j=o}^{i-1} L_j) (\int_o^{L_i} \phi_i(u_i, \sum_{j=o}^{i-1} L_j, t) e^{-\rho t} dt + W_{2i} - S_i(L_i) e^{-\rho L_i}) .$$

Den Kostensatz w_2 erhält man nun als

$$(2.4) \qquad w_2 = \rho \sum_{i=o}^{\infty} v_i \ ,$$

d.h. als den "verrenteten" Gesamtkapitalwert der Aufwendungen. Entscheidungsvariablen in diesem Ansatz sind die u_i und die L_i, $i = 0, 1, \ldots$ Zur Lösung des Ersatzproblems wird w_2 als Funktion der L_i für parametrisch vorgegebene u_i minimiert. Zur Erläuterung dieses seines Ansatzes zur Lösung des Ersatzproblems gibt *Smith* eine graphische Darstellung, die so instruktiv ist, daß sie hier wiedergegeben werden soll:

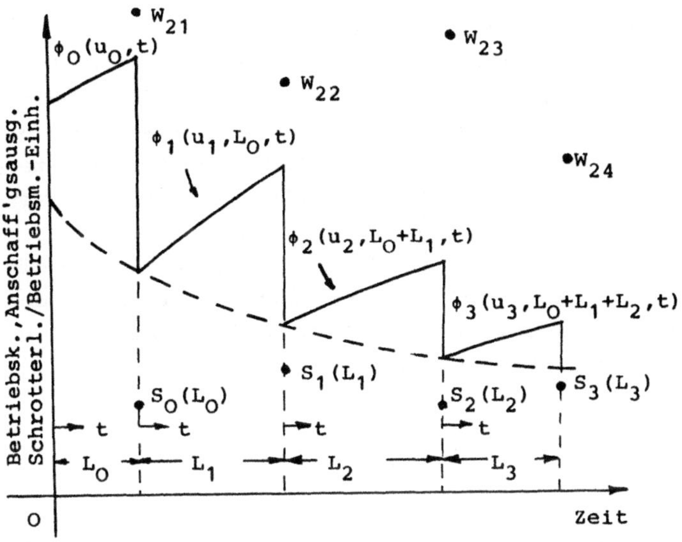

Sie zeigt deutlich den Verlauf der Funktion ϕ_i unter dem Einfluß der Abnutzung und des technischen Fortschritts. Die fallende, gestrichelte Kurve gibt darin den Verlauf des technischen Fortschritts wieder, der sich in immer niedrigeren Betriebskosten des Neuzustandes äußert (Betriebskosten je Kapazitätseinheit). Bis hierher mag unsere Darstellung den Anschein erwecken, *Smith* gehöre zu den Vertretern des Bestandseinsatzkonzepts. Dieser Schein trügt jedoch, denn die u_i bleiben nicht einfach Parameter, sie werden endogenisiert. *Smith's* Problem ist nicht das Ersatzproblem allein, sondern die Minimierung von C in (2.1) unter der Nebenbedingung der Produktionsfunktion

$$(2.5) \qquad x = f(r_1, R_2)$$

für gegebenen Output x . Diese Bedingung muß für jedes Glied in der Kette der Ersatzaggregate erfüllt sein und dies legt das jeweilige u_i fest. Der Periodenoutput bleibt mit anderen Worten in alle Ewigkeit konstant: Es handelt sich um ein statisches Modell für eine unendliche Betrachtungsperiode [36]. Um die Verbindung zwischen den u_i und der Produktionsfunktion herzustellen, argumentiert *Smith* ganz in der Tradition von *Chenery*: Die Abnutzung einer Maschine sei aufgrund physikalischer Gesetzmäßigkeiten erfaßbar durch die Gesamteinwirkung mechanischer Arbeit. Diese aber lasse sich messen durch die kumulierten Energiekosten. Die Betriebskosten (einschließlich Reparatur und Wartung) ließen sich infolgedessen als wachsende Funktion des Maschinenalters und der Durchschnittsrate des Energieverbrauchs schreiben [37]. Damit erhalten die ϕ_i folgende Form:

$$\text{(2.6)} \qquad \phi_i(r_1, \sum_{j=1}^{i-1} L_j, t) \; ,$$

denn der Energieverbrauch muß in dem Bündel der variablen Faktoren enthalten sein.

Schwierigkeiten bereitet nun die Einbeziehung der gesamten zukünftigen Ersatzkette. Es muß schließlich die Kenntnis aller ϕ_i , $i = 0, 1, 2, \ldots$ vorausgesetzt werden. *Smith* geht darum von vornherein davon aus, daß alle ϕ_i für $i = 1, 2, \ldots$ identisch sind; später dehnt er dies auch auf ϕ_o aus. Außerdem belegt er mit plausiblen Argumenten, daß man keinen großen Fehler macht, wenn man auch alle L_i, $i = 1, 2, \ldots$ als identisch ansieht [38]. L_o hält er zunächst aus der Identitätskette heraus, da L_o die Restlebensdauer der schon eine Zeit in Gebrauch befindlichen Anlage darstellt; später jedoch wählt er als Betrachtungszeitpunkt den Zeitpunkt der Indienststellung der in Gebrauch befindlichen Anlage und nimmt alle

---

36) *Smith* betrachtet allerdings auch ein Kapitalwertmaximierungsmodell, in dem der Output jeweils nur für die Lebensdauer einer Maschine festgelegt wird, also je nach Aggregatausstattung in der Zeit schwanken kann. In diesem Modell sind jedoch die u_i konstant angenommen, so daß es für uns hier nicht von Interesse ist. Vgl. *Smith*, [Investment, 1961], S. 157 - 161.

37) *Smith*, [Investment, 1961], S. 165.

38) *Smith*, [Investment, 1961], S. 140 f.

L_i als identisch an. In Anlehnung an *Terborgh* wird weiter ϕ_i als lineare Funktion angesetzt, was *Smith* als Näherungsbetrachtung auffaßt. Auf der Basis dieses Ansatzes löst dann *Smith* zwei produktions- und kostentheoretische Probleme: Zunächst die kostenminimale Kombination von r_1, R_2 und L für gegebenes x [39], also das Problem einer simultanen Bestimmung von Kapazitätsplanung, Ersatzpolitik und Auslastung der Maschine; die Lösung ergibt sich aus einem *Lagrange*-Ansatz; weiterhin ein Problem quantitativer Anpassung an eine sprungweise "once-for-all"-Änderung des geforderten Outputs x [4o]. Beide Probleme werden dann weiter als Gewinnmaximierungsprobleme mit Festlegung des Outputs x behandelt [41] und es wird insbesondere die Marktnachfrage des betrachteten Produzenten nach dem Anlagegut abgeleitet.

Im letzten Kapitel seines Buches betrachtet *Smith* dann noch dynamische Versionen seiner beiden Problemstellungen. Die Produktionsfunktion (2.5) geht dabei über in:

$$(2.7) \quad x(t) = f(r_1(t),\ R_2)$$

Das einfachste der betrachteten Probleme geht von einem endlichen Planungshorizont T aus, bis zu dem keine Ersatzinvestitionen stattfinden und bezieht keine Diskontierung ein. Als Zielfunktion ist dann zu minimieren:

$$(2.8) \quad C = \int_o^T W_1\ r_1(t)dt + W_2\ R_2\ ,$$

anstelle von (2.1), wobei für den Potentialfaktor der Stock-Price, nicht der Flow-Price maßgebend ist. Einige andere Ver-

39) *Smith*, [Investment, 1961], S. 166 - 168;
4o) ebendort, S. 168 - 172;
41) ebendort, S. 172 - 181.

sionen des Kostenminimierungsproblems beziehen dann Ersatzinvestitionen und Diskontierung mit ein.

Smith hat sein einfachstes dynamisches Modell noch in einer anderen Hinsicht erweitert, die hier von besonderem Interesse ist, nämlich um den Aspekt der Instandhaltung des Potentialfaktors [42]. Wieder argumentiert er dabei, daß der kumulierte Energieverbrauch des Aggregates ein direktes Maß für seinen Verschleiß sei. M.a.W. ist

$$(2.9) \quad z(t) = \int_o^t r_1(\tau)d\tau$$

ein Maß für den Verschleißzustand des Aggregates zum Zeitpunkt t, also für seine z-Situation im Sinne von *Gutenberg*. *Smith* macht nun die Annahme, daß die Instandhaltungsaufwendungen in der kleinen Periode [t, t + dt] in linearer Näherung gegeben sind durch

$$(2.1o) \quad u(z(t))dt + o(dt),$$ [43]

worin u eine monoton wachsende Funktion sei. Die Instandhaltungsaufwendungen der Periode [o, t], t beliebig aus [o,T] werden dann gegeben durch:

$$(2.11) \quad \int_o^t u(z(\tau)) \cdot \dot{z}(\tau)d\tau$$

$$= \int_o^t u(z(\tau)) \cdot r_1(\tau)d\tau \ ,$$

das bedeutet, die momentane Rate der Instandhaltungsaufwendungen ist eine Funktion der laufenden Inanspruchnahme des Aggregates, erfaßt durch r_1 und der kumulativen Inanspruchnahme, erfaßt durch z. Dabei ist die Funktion für jeden beliebigen festen Wert von r_1 monoton wachsend in z.

---

42) *Smith*, [Investment, 1961], S. 3o3 - 3o6.

43) Darin ist - wie im folgenden noch öfter - o(dt) eine Größe, für die gilt: $\frac{o(dt)}{dt} \rightarrow o$ für dt $\rightarrow$ O .

Auf diesem Fundament entwickelt dann *Smith* eine Charakterisierung der optimalen Politik, die in der Wahl der Funktion $r_1(t)$ und der Anfangsinvestition R_2 besteht. Er verwendet dazu die klassische Variationsrechnung. Seine Lösung gibt auch eine - unter gewissen Bedingungen - optimale Instandhaltungspolitik her, optimal unter der Bedingung einer fest vorgegebenen Funktion u. Nicht berücksichtigt ist aber in dem Ansatz von *Smith*, daß man im allgemeinen die Möglichkeit hat, zwischen mehr oder weniger intensiver Instandhaltung zu wählen und damit den Ersatzzeitpunkt hinauszuschieben, also zwischen Instandhaltung und Ersatz zu substituieren. Nicht berücksichtigt ist ferner auch die Möglichkeit, bei festem Ersatzzeitpunkt die Intensität der Instandhaltung über die Zeit schwanken zu lassen. Dies aber könnte sinnvoll sein, wenn die Instandhaltungsmaßnahmen Nachwirkungen haben. Gegen Ende der Nutzungsdauer wird es dann sinnvoll sein, die Instandhaltung einzuschränken, da man von Nachwirkungen über den Ersatzzeitpunkt hinaus nichts mehr hat.

Hinsichtlich der kostenoptimalen Wahl der Instandhaltungspolitik ist die Arbeit von *Smith* also noch erweiterungsbedürftig. Immerhin muß man jedoch feststellen, daß *Smith* den Weg gewiesen hat, der zu beschreiten ist, um das bislang ungelöste [44] Problem der Input-Messung bei Potentialfaktor-Betriebsmitteln in den Griff zu bekommen. Das Problem läßt sich nun, dem Grundgedanken seines Ansatzes folgend, auf folgende Formel bringen:

Wie hängen Ersatzbeschaffungen und Instandhaltungsleistungen bei optimaler Instandhaltungsstrategie vom Output ab?

Diese Frage stellt sich nun einerseits im Rahmen einer gegebenen Kapazität, bei gegebener Ausstattung mit Potentialfaktor-Betriebsmitteln, also kurzfristig im Sinne von *Marshall*.

---

44) So: *Heinen*, [Kostenlehre ^{3}1970], S. 254 f; vgl. auch *Kloock*, [Input-Output-Modelle, 1969], S. 61 f.

Das ist dann die Frage nach der Auswirkung von Beschäftigungsänderungen auf den Verzehr an Potentialfaktor-Betriebsmitteln und Instandhaltungsleistungen, wie sie etwa für die Produktionsprogrammplanung oder bei der Kalkulation von Zusatzaufträgen zu beantworten ist; es ist - wenn man will - auch die Frage nach der variablen kalkulatorischen Abschreibung, die aber, wie sich bereits jetzt zeigt, nur in einem umfassenderen Zusammenhang beantwortet werden kann.

Andererseits stellt die Frage sich auch langfristig im Zusammenhang der Kapazitätsplanung. Hier geht es darum, den optimalen Bestand an Potentialfaktor-Betriebsmitteln aufgrund der langfristigen Absatzerwartungen zu planen, wobei der Verzehr an Potentialfaktor-Betriebsmitteln und Instandhaltungsleistungen das Optimum in Abhängigkeit von den langfristigen Absatzerwartungen wesentlich mitbestimmt.

Die Probleme dieses zweiten Aspekts, nämlich der Kapazitätsplanung [45], klammern wir in dieser Arbeit aus. Damit folgen wir einer Tradition, die in der deutschen Betriebswirtschaftslehre wirksam ist, nach der man die Produktionstheorie als kurzfristige Betrachtung der Investitionstheorie als langfristiger Betrachtung gegenüberzustellen gewohnt ist [46]. Bei einer derartigen kurzfristigen Betrachtung müssen wir uns jedoch vor einem Mißverständnis hüten: Kurzfristig kennzeichnet nur eine bestimmte Klasse von Maßnahmen, solche nämlich, die ohne gravierende Eingriffe in die Betriebsstruktur möglich sind. Kurzfristige Betrachtung rechtfertigt dagegen nicht, langfristige Auswirkungen dieser Maßnahmen außer acht zu lassen.

---

45) Diese Probleme sind wohl am eingehendsten behandelt bei *Schmidt*, [Kapazitätsplanung, 1968]. Insofern diese Arbeit aber auf dem Konzept der Potentialverbrauchsfunktion beruht, erscheinen ihre Ergebnisse jedoch revisionsbedürftig.

46) Siehe etwa die weiter unten angeführte Bemerkung von *Heinen*.

Für die kurzfristige Theorie der Auswirkung von Beschäftigungsvariationen auf den Verzehr von Potentialfaktor-Betriebsmitteln läßt allerdings der Ansatz von *Smith* noch zu wünschen übrig, insofern er nämlich kein handliches Maß für die Abnutzung, sei es eine bewertbare "Mengen"größe oder direkt eine Kostengröße hergibt. Die Schwierigkeit, daß "bei Potentialfaktoren der Verzehr ... einer Einheit erst nach der Realisierung von Bezugsgrößen ein[tritt], die für die produktionstheoretische Fragestellung ungeeignet, d.h. 'zu groß' sind" 47), wird nicht überwunden. Mit dieser Schwierigkeit werden wir uns noch zu befassen haben.

Der Ansatz von *Smith* hat nun aber nicht nur Bedeutung für die erste Aufgabe, die wir uns gestellt hatten, nämlich nach einem Ausweg aus dem Dilemma des Input-Messungsproblems für Potentialfaktor-Betriebsmittel zu suchen. Er zeigt darüberhinaus auch deutlich den untrennbaren Zusammenhang 48) zwischen dem Verzehr an Potentialfaktor-Betriebsmitteln samt Instandhaltung und dem Bedarf an Verbrauchsfaktoren für die Produktion. Dieser wird nämlich vom Verschleißzustand der Potentialfaktor-Betriebsmittel beeinflußt, so daß periphere Substitutionsmöglichkeiten bestehen zwischen Verbrauchsfaktoreinsatz und Verzehr an Potentialfaktor-Betriebsmitteln 49). Eine Erhöhung der Aggregatlebensdauer vermindert deren Verzehr, muß aber durch erhöhten Verbrauchsfaktoreinsatz erkauft werden. Damit zeigt sich die enge Beziehung zwischen den beiden Aufgaben, die unsere Arbeit angehen soll.

---

47) *Heinen*, [Kostenlehre, ³1970], S. 252.

48) Dieser Zusammenhang wurde für die Frage nach der Auswirkung von Beschäftigungsänderungen auf die Produktionskosten auch bereits von *Keynes* klar erkannt. Er bezieht in seine "user costs" Opportunitätskostenbestandteile ein für die Erhöhung des Verbrauchsfaktorbedarfs der zukünftigen Produktion, die der erhöhte Anlagenverschleiß durch gegenwärtige Mehrproduktion zur Folge hat. *Keynes*, [General Theory, 1936], S. 69 f.

49) Siehe hierzu auch das Beispiel im Anhang A.

III. MODELLE DES INTEGRIERTEN PRODUKTIONSPROZESSES DER NUTZUNG UND INSTANDHALTUNG EINES POTENTIALFAKTOR-BETRIEBSMITTEL-AGGREGATES

Man kann aus den bisher gemachten Ausführungen die Konsequenz ziehen, daß es zur Beantwortung der hier anstehenden Fragen notwendig ist, den Prozeß der Produktausbringung, bei dem ein Potentialfaktor-Betriebsmittel eingesetzt ist und den Prozeß seiner Abnutzung, Alterung und Instandhaltung simultan zu betrachten. Der Gegenstand einer solchen Betrachtung soll hier als integrierter Produktionsprozeß der Nutzung und Instandhaltung von Potentialfaktor-Betriebsmitteln bezeichnet sein. Dieser Prozeß soll nun bei fest gegebener Kapazität des Potentialfaktor-Betriebsmittels dargestellt werden. Dabei sind insbesondere die Interdependenzen (z.B. Substitutionsmöglichkeiten) der verschiedenartigen in ihn involvierten Faktoren zu untersuchen und es ist nach Möglichkeiten zu fragen, wie für kurze Perioden der Verzehr an Potentialfaktor-Betriebsmitteln gemessen werden kann. Grundlage unserer Untersuchungen ist eine Modellstruktur, die im folgenden als Produktionstheorie bezeichnet wird. Diese Struktur wird nun zunächst formal dargestellt und allgemein erläutert und anschließend als integrierter Produktionsprozeß der Nutzung und Instandhaltung von Potentialfaktor-Betriebsmitteln interpretiert.

1. Zur Erklärung einer Produktionstheorie wird zunächst ein euklidischer Raum Y endlicher Dimension gefordert, der als Güterraum bezeichnet sei. Die Koordinaten der Vektoren $\upsilon \in Y$ werden als Güterbestände oder -bestandsänderungen für endliche Zeiträume interpretiert, aber auch als Ausbringungs- oder Verbrauchsmengen endlicher Zeiträume.

Jede Produktionstheorie bezieht sich auf eine bestimmte Zeitmenge $T \subset \mathbb{R}$. T besitzt ein minimales Element t_o, den Anfangszeitpunkt und mindestens ein weiteres Element $t_1 \neq t_o$.

Zur allgemeinen Struktur einer Produktionstheorie im Sinne dieser Untersuchung gehören außerdem eine Menge U und eine Klasse $\underline{U}$ von Abbildungen $u : T \rightarrow U$. Die Abbildungen u werden Steuerungen genannt und die Menge U Steuerungsbereich. Falls $U \neq \emptyset$ gilt auch $\underline{U} \neq \emptyset$. Die Menge U und die Abbildungsklasse $\underline{U}$ werden je nach dem zu erfassenden Sachverhalt in der Realität und je nach der angestrebten mathematischen Struktur des Modells der Produktionstheorie für diesen Sachverhalt, mathematischen Regularitätsbedingungen zu unterwerfen sein. Weiterhin enthält eine Produktionstheorie eine Menge Z, die als Zustandsbereich bezeichnet wird und eine Menge Ω von Elementarereignissen ε, die die verschiedenen möglichen Entwicklungen oder "Strategien" der Umwelt repräsentieren.

Sind in einem produktionstheoretischen Modell $U \neq \emptyset$ und $Z \neq \emptyset$, so enthält es eine Abbildung Φ, die jeder Kombination der Form $(\zeta, \varepsilon, u, \tau, t)$ mit $\zeta \in Z$, $\varepsilon \in \Omega$, $u \in \underline{U}$ und $\tau, t \in T$, $(\tau \leq t)$, genau ein Element von Z zuordnet. Dieses Element ist der Zustand im Zeitpunkt t, wenn im Zeitpunkt τ der Zustand ζ herrschte, die Umweltstrategie ε vorliegt und der Produzent die Steuerung u wählt.

Die Abbildung Φ definiert für jedes feste Tripel (ζ, ε, u) eine Abbildung $z : T \rightarrow Z$ wie folgt:

$$(3.1) \qquad z(t) = \Phi(\zeta, \varepsilon, u, t_o, t)$$

$$\text{mit } z(t_o) = \zeta.$$

Diese Abbildungen z werden als Zustandspfade oder -trajektorien bezeichnet. Um mathematisch sicherzustellen, daß diese vernünftige Eigenschaften haben, sind gewisse Regularitätsforderungen an die Abbildung Φ zu stellen, die hier nicht in voller Allgemeinheit untersucht werden. Jedenfalls wird man aber die folgenden drei Eigenschaften verlangen:

(a) Für beliebige Quadrupel $(\zeta, \varepsilon, u, t)$ gilt:

$$(3.2) \qquad \Phi(\zeta, \varepsilon, u, t, t) = \zeta.$$

(b) Gilt für ein $u \in \underline{U}$ und ein $v \in \underline{U}$ für alle $\theta \in T$ mit $\tau \leq \theta \leq t$ die Beziehung $u(\theta) = v(\theta)$, so gilt auch

$$(3.3) \qquad \Phi(\zeta, \varepsilon, u, \tau, t) = \Phi(\zeta, \varepsilon, v, \tau, t).$$

Das bedeutet: Stimmen zwei Steuerungen in einem Teilzeitraum überein, dann stimmen bei gleichem Ausgangszustand am Beginn des Teilzeitraumes und gleicher Umwelt auch die Zustände am Ende des Teilzeitraumes überein.

(c) Für jedes $\theta \in T$ mit $\tau \leq \theta \leq t$ gilt

$$(3.4) \quad \Phi(\zeta,\varepsilon,u,\tau,t) = \Phi(\Phi(\zeta,\varepsilon,u,\tau,\theta), \varepsilon,u,\theta,t).$$

Das bedeutet, man kann die Betrachtung der Zustandsentwicklung in jedem Zwischenzeitpunkt θ zwischen zwei Zeitpunkten τ und t unterbrechen. Setzt man den Endzustand der Betrachtung des ersten Teilzeitraumes als Anfangszustand für die Betrachtung des zweiten Teilzeitraumes, so muß sich an dessen Ende derselbe Zustand einstellen wie bei ununterbrochener Betrachtung. Eigenschaft (c) wird auch als Trennbarkeit [1)] bezeichnet.

---

1) Vgl. *Stöppler*, [Produktionstheorie, 1972], S. 2o, 22.

Ist die Abbildung Φ von der Umweltentwicklung unabhängig, so liegt eine deterministische Produktionstheorie vor. Von einer stochastischen Produktionstheorie [2] wird dagegen gesprochen, wenn stattdessen die Zustandsentwicklung für jedes feste $u \in \underline{U}$ ein stochastischer Prozeß [3] ist. Formal bedeutet dies, daß die Menge Ω der Umweltstrategien als Wahrscheinlichkeitsraum strukturiert ist, so daß für jede Teilmenge A von Ω, die zu einer geeignet zu wählenden σ-Algebra $\mathfrak{A}$ gehört, eine Wahrscheinlichkeit P(A) angegeben werden kann, daß zweitens Z als Meßraum strukturiert ist, in dem für jedes Quadrupel (ζ, u, τ, t) die Bildmenge $\Phi(\zeta,A,u,\tau,t)$ eines beliebigen $A \in \mathfrak{A}$ meßbar ist und daß schließlich drittens der Anfangszustand $z(t_o)$ eine meßbare Abbildung $u_o : \Omega \rightarrow Z$ ist. Die σ-Algebra des Meßraumes über Z wird im folgenden mit $\mathfrak{Z}$ bezeichnet. Die Abbildung u_o kann in gewissen Grenzen vom Produzenten gewählt werden. Das heißt, der Produzent kann die Verteilung des Anfangszustandes beeinflussen. Sie wird daher als Steuerungsbestandteil aufgefaßt, d.h. als zu u gehörig.

Die Abbildung Φ definiert dann für jede feste Steuerung u eine Familie von Zufallsvariablen [4]

---

2) Die Struktur der stochastischen Produktionstheorie findet in dieser Arbeit keine Anwendung auf das Problem des integrierten Produktionsprozesses der Anlagennutzung und -instandhaltung, obwohl sich hierfür vielversprechende Aussichten eröffnen. Versuche in dieser Richtung mögen späteren Arbeiten vorbehalten bleiben. Dennoch wollen wir in diesem Kapitel die stochastische Theoriestruktur mitbehandeln, um zu zeigen, daß es zu unserem deterministischen Ansatz eine stochastische Entsprechung gibt, was nicht für alle möglichen deterministischen Ansätze der Fall ist (vgl. unten, S.72), und worin Gemeinsamkeiten und Unterschiede zwischen deterministischer und stochastischer Variante des Grundmodells liegen.

3) Siehe *Bauer*, [Wahrscheinlichkeitstheorie, 1968], S. 288.

4) Siehe *Bauer*, [Wahrscheinlichkeitstheorie, 1968], S. 118.

$(X_t^u)_{t \in T}$ mit $X_t^u : \Omega \to Z$ und zwar wie folgt:

$$(3.5) \quad X_t^u(\varepsilon) = \Phi(u_o(\varepsilon), \varepsilon, u, t_o, t).$$

Für jeden Zeitpunkt t und jede Zustandsmenge $B \in \mathcal{L}$ ist damit die Wahrscheinlichkeit gegeben, daß bei Wahl der Steuerung u der Zustand zum Zeitpunkt t in der Menge B liegt. Diese Wahrscheinlichkeit beträgt nämlich $P((X_t^u)^{-1}(B))$. Darin soll $(X_t^u)^{-1}(B)$ das vollständige Urbild der Menge B unter der Abbildung X_t^u bezeichnen.

Von besonderem theoretischen Interesse sind die Übergangswahrscheinlichkeiten $P_{u,\tau,t}$ des stochastischen Prozesses. $P_{u,\tau,t}(\zeta, B)$ bezeichnet die Wahrscheinlichkeit dafür, daß der Prozeß vom Zustand ζ in τ auf einen Zustand innerhalb der Menge B zum Zeitpunkt t übergeht, wenn man die Steuerung u wählt. In diesen Übergangswahrscheinlichkeiten oder daraus abgeleiteten Größen kommen die Gesetzmäßigkeiten des Prozesses meist am klarsten zum Ausdruck. Mithilfe der Abbildung Φ lassen sie sich definieren als $P_{u,\tau,t}(\zeta, B) = P(A)$ mit A, so daß $B = \Phi(\zeta, A, u, \tau, t)$. Die Zustandswahrscheinlichkeit für eine Menge B zum Zeitpunkt t läßt sich mithilfe der Übergangswahrscheinlichkeiten nach der Formel von der totalen Wahrscheinlichkeit ausdrücken als [5]

$$(3.6) \quad P((X_t^u)^{-1}(B)) = \int_Z P_{u,\tau,t}(\zeta,B)\, P((X_\tau^u)^{-1}(d\zeta)).$$

Man kann nun mithilfe der Eigenschaften (a) bis (c) der Abbildung Φ die entsprechenden Eigenschaften der Übergangswahrscheinlichkeiten zeigen:

---

5) Zu Definition und Schreibweise des Integrals in (3.6) siehe *Bauer*, [Wahrscheinlichkeitstheorie, 1968], S. 54.

(a) Für jedes $u \in \underline{U}$ und jedes $t \in T$ gilt:

$$(3.7)\quad P_{u,t,t}(\zeta,B) = \begin{cases} 1 & \text{für } \zeta \in B \\ 0 & \text{für } \zeta \notin B. \end{cases}$$

(b) Gilt für ein $u \in \underline{U}$ und ein $v \in \underline{U}$ die Relation $u(\theta) = v(\theta)$ für alle θ mit $\tau \leq \theta \leq t$, so gilt für beliebige ζ und B

$$(3.8)\quad P_{u,\tau,t}(\zeta,B) = P_{v,\tau,t}(\zeta,B).$$

(c) Für jedes $\theta \in T$ mit $\tau \leq \theta \leq t$ gilt mit beliebigen ζ und B [6]

$$(3.9)\quad P_{u,\tau,t}(\zeta,B) = \int_Z P_{u,\theta,t}(\xi,B)\, P_{u,\tau,\theta}(\zeta, d\xi).$$

Die Eigenschaft (c) wird als Halbgruppeneigenschaft [7] bezeichnet. Sie bewirkt, daß die Vergangenheit des Prozeßverlaufes für ein t in dem Zustand z(t) vollständig zum Ausdruck kommt. In einer Produktionstheorie im Sinne dieser Untersuchung hat der im Zustandsraum ablaufende Prozeß daher Markoff-Eigenschaft.
Bezeichne im folgenden $\underline{Z}$ die Menge aller möglichen Zustandstrajektorien z für alle möglichen Ausgangszustände und alle möglichen Steuerungen.

Wesentlicher Bestandteil einer Produktionstheorie im Sinne dieser Untersuchung ist nun noch eine Relation Ψ, die jedem Tripel (υ, z, u) mit υ aus einer gewissen Teilmenge Y_o des Güterraumes Y, $z \in \underline{Z}$ und $u \in \underline{U}$ genau eine Abbildung $y : T \to Y$ zuordnet. Diese Abbildungen y bezeichnen wir als Güterbewegungen. Unter einer Güterbewegung wird hier also ein Zeitpfad im Güterraum verstanden. Darin ist $Y_o \subset Y$ als Bereich möglicher einzusetzender Ausgangsbestände zu verstehen.

---

6) Zur Schreibweise des Integrals in (3.9) siehe wieder *Bauer*, [Wahrscheinlichkeitstheorie, 1968], S. 54.

7) Vgl. hierzu ebenfalls *Bauer*, [Wahrscheinlichkeitstheorie, 1968], S. 3o1 f.

Es muß gelten: $y(t_o) = \upsilon$. Für den Fall, daß Z oder U leer sind, entartet die Relation Ψ entsprechend.

Damit sind die Strukturelemente einer Produktionstheorie im Sinne dieser Untersuchung vollständig aufgeführt.

2. Auf der Basis dieser Grundstruktur lassen sich nun verschiedene Sonderfälle unterscheiden.

So sprechen wir von einer <u>statischen</u> Produktionstheorie, wenn eine Produktionstheorie gleichzeitig die folgenden vier Eigenschaften hat:

- die Güterbewegungen werden ausschließlich durch die Differenz $y(t_1) - y(t_o)$ für einen festen Zeitpunkt $t_1 \in T$ charakterisiert, d.h. andere Unterschiede interessieren nicht, die Differenz $y(t_1) - y(t_o)$ wird als "Produktion" des statischen Modells bezeichnet;

- die Steuerungen sind durch endlich viele Parameter charakterisiert;

- die Steuerung gilt in t_o als für den ganzen Zeitraum T festgelegt;

- bezüglich des Zustandspfades wird über den Informationsstand in t_o hinaus keine zusätzliche Information berücksichtigt.

Die Relation Ψ erfüllt in diesem Fall:

(3.1o) $y(t_1) - y(t_o) = \Psi(y(t_o), z, u)$.

Ist eine statische Produktionstheorie außerdem deterministisch, dann ist bei gegebenem Anfangszustand $z(t_o)$ mit Festlegung der Steuerungsparameter auch der Zustandspfad festgelegt und (3.1o) geht über in

$$(3.11)\quad y(t_1) - y(t_o) = \Psi(y(t_o), \{(t, \Phi(z(t_o),u,t_o,t)), t \in T\}, u).$$

(Darin haben wir die Abbildung z als Menge aller Paare von Urbildern und Abbildern geschrieben und ε als Argument von Φ unterdrückt.) (3.11) definiert nun eine Abbildung Ψ' so daß:

$$(3.12)\quad y(t_1) - y(t_o) = \Psi'(y(t_o), z(t_o), u).$$

Man sieht nun sofort, daß die *Gutenberg*'schen Verbrauchsfunktionen (1.8) (siehe oben, Kapitel I) als Komponenten dieser vektorwertigen Funktion auftreten. Dabei ist allerdings angenommen, daß eine Abhängigkeit von einem Anfangsbestandsvektor $y(t_o)$ nicht besteht, so daß (3.12) eine Verallgemeinerung darstellt auf den Fall, daß der Faktorverbrauch auch von den Mengen gewisser "goods in process" abhängt, wie dies etwa bei chemischen Prozessen der Fall zu sein pflegt. Als Steuerungsparameter treten bei *Gutenberg* die Einsatzzeiten t_j und die Einsatzintensitäten d_j auf. Diese Parameter müssen in der *Gutenberg*'schen Theorie ausreichen, um die Steuerung zu charakterisieren. (3.12) enthält nun aber nicht nur Verbrauchsfunktionen, sondern auch ganz analoge Funktionen auf der Ertragsseite. Diese wurden m.W. erstmals von *Pressmar* eingeführt und als Leistungsfunktionen bezeichnet [8]. *Pressmar* entwickelt übrigens ein "allgemeines Modell der betriebswirtschaftlichen Produktionsfunktion" , das die Struktur einer statischen deterministischen Produktionstheorie im Sinne unserer Untersuchung hat

8) *Pressmar*, [Kosten- und Leistungsanalyse, 1971], S. 135.

und wendet dieses auf unterschiedliche, typische Produktionsvorgänge der industriellen Realität an.

Der entscheidende formale Unterschied dieses Ansatzes gegenüber dem von *Gutenberg* besteht darin, daß nun die Anpassungsstrategien (1.9) nicht mehr vorausgesetzt werden müssen, um die Produktionsfunktion angeben zu können. Die Anpassungsstrategie erscheint nun vielmehr als Problem, nicht als Datum. Um beispielsweise kostenminimale Anpassungsstrategien aufzusuchen, ist folgendes parametrische Optimierungsproblem zu lösen:
Minimiere

$$(3.13) \quad C = W^T(y(t_1) - y(t_o)) + w(z(t_o), z(t_1))^T y(t_o)$$

unter den Nebenbedingungen

$$(3.14) \quad y(t_1) - y(t_o) - \Psi'(y(t_o), z(t_o), u) = 0 ,$$

$$(3.15) \quad y(t_o) \in Y_o, \; z(t_o) \in Z_o, \; u \in \underline{U} \text{ und}$$

$$(3.16) \quad y(t_1)^j - y(t_o)^j = x^j, \; W^j = 0 \text{ für jedes } j \in J .$$

Darin bedeutet υ^j die j-te Komponente des Vektors υ und J die Indexmenge der Produktarten, für die Ausbringungsmengen x^j parametrisch vorgegeben werden. (3.16) formuliert also die Bedingung gegebener Ausbringung, die in Produktions- und Kostentheorien üblich ist. (3.15) kennzeichnet den Bereich der wählbaren Parameter. Z_o soll dabei eine Teilmenge von Z bezeichnen, innerhalb der man den Ausgangszustand frei wählen kann. (3.14) läßt sich als Produktionsfunktion, (3.13) als

Kostenfunktion auffassen. In (3.13) bezeichnet W^T den Vektor der Güterpreise (als Zeilenvektor genommen), die in dieser Untersuchung - wie schon zu Anfang erwähnt - als vorgegeben angenommen werden. $w(\ )^T$ in (3.13) soll entsprechend den Vektor der Flow Prices für die Güterbestände (ebenfalls als Zeile geschrieben) bezeichnen. Die Flow Prices werden in der Produktions- und Kostentheorie nicht als vorgegeben angesehen, sondern sind aus der zugrundeliegenden Produktionstheorie und den Stock Prices oder sonstwie zu erklären. Ein Beispiel für eine derartige Erklärung haben wir oben in III.3 betrachtet, nämlich die Bestimmung des Flow Price für Potentialfaktor-Betriebsmittel, wie sie von *Smith* durchgeführt wurde. In vielen Fällen wird die Erklärung von Flow Prices keine besonderen Probleme aufwerfen: entstehen keine bestandsabhängigen Kosten, dann sind sie null, in anderen Fällen können sie Zinskosten, Lagerkosten, Kosten für Außenstände (z. B. Debitorenrisiken) u. ä. umfassen, mit deren Bewältigung das betriebliche Rechnungswesen vertraut ist. Sofern nun aber die Flow Prices aus der zugrundeliegenden Produktionstheorie erklärt werden müssen, genügt es, sie als durch den Zustandspfad bestimmt anzunehmen, so daß sich der in (3.13) angeschriebene Ausdruck ergibt. Es mag allerdings erforderlich werden, mit der Definition des Zustandes auf diese Festlegung Rücksicht zu nehmen. Im Rahmen unserer Untersuchung werden jedoch keine besonderen Erfordernisse diesbezüglich auftreten.

An dieser Stelle sei noch folgende Interpretationsvorschrift für die Gütervektoren eingeführt: Eingesetzte Bestände und kumulierte Verbrauchsmengen sind <u>positive</u> Komponenten, kumulierte Ausbringungsmengen dagegen <u>negative</u> Komponenten dieser Vektoren. Diese Vorschrift hat zur Folge, daß die Preise W in der Regel positiv sind. Die Flow Prices für kumulierte Ausbringungsmengen werden dagegen in der Regel negativ ausfallen, für Verbrauchsmengen und eingesetzte Bestände dagegen nichtnegativ.

Mit der Spezifizierung eines Optimierungsproblems wie (3.13) - (3.16) geht die zugrundeliegende Produktionstheorie in eine Produktions- und Kostentheorie über.

Eine besonders einfache Form nimmt das Modell statisch-deterministischer Produktionstheorie in dem Beispiel des Anhangs A dieser Arbeit an. Als einziger Steuerungsparameter tritt hier die Standzeit s des Sägeblattes auf und der Anfangszustand $z(t_o)$ fällt heraus, weil davon ausgegangen wird, daß am Anfang der Betrachtung das Sägeblatt neu ist. Gleichung (3.12) läßt sich aus den Gleichungen (A.4), (A.5) und (A.7) gewinnen. Die Diskussion im Anhang zeigt auch die Möglichkeit auf, Produktionsfunktionen statischer deterministischer Theorie ausschließlich im Güterraum zu definieren und schlägt damit eine Brücke zum klassischen Konzept der Produktionsfunktion, wie es am Anfang unserer Untersuchung skizziert ist.
Im Falle einer statischen stochastischen Produktionstheorie tritt an die Stelle von (3.12)

$$(3.17) \qquad y(t_1) - y(t_o) = \Psi'(y(t_o),\ u_o(\varepsilon),\ \varepsilon,\ u)$$

und bei festem $y(t_o)$ wird für jedes $u \in \underline{U}$ über der Menge $\{y(t_1) - y(t_o)\}$ der Produktionen eine σ-Algebra und ein Wahrscheinlichkeitsmaß induziert, so daß man für die Produktion eine Wahrscheinlichkeitsverteilung erhält.

Eine stochastische statische Produktionstheorie läßt sich nun nicht mehr ohne weiteres in eine Produktions- und Kostentheorie überführen, da ein Kostenminimum als Funktion der Steuerungsparameter nicht mehr definiert ist. Der Begriff der Produktions- und Kostentheorie, wie er am Anfang dieser Arbeit verwendet wurde, ist daher erweiterungsbedürftig. Eine Erweiterung ließe sich erreichen, indem man das *Bernoulli*-Prinzip zugrundelegt [9]. Das bedeutet: man benötigt eine Nutzenfunktion des Produzenten, die jedem Kostenbetrag einen Nutzen zuordnet und maximiert den Erwartungswert des Nutzens. Wir machen

---

9) Näheres hierüber bei *Schneeweiß*, [Entscheidungskriterien, 1967], insbes. S. 61 ff.

der Einfachheit halber im folgenden die Annahme, daß diese Nutzenfunktion sich durch den Erwartungswert des Ausdrucks (3.13) hinreichend genau annähern läßt. Diese "heroische Annahme" impliziert angenähert risikoneutrales Verhalten der Produzenten bei ihren Entscheidungen über die Produktionssteuerung. Im industriellen Bereich macht diese Annahme die Bewährungschancen einer auf sie gegründeten Theorie vielleicht deshalb nicht zunichte, weil es dort meist um Risiken geht, die keine unmittelbaren Existenzgefahren sind.

Betrachten wir nun noch eine andere Klasse von Produktionstheorien, die Klasse der dynamischen Produktionstheorien. Sie stehen dadurch im Gegensatz zu den statischen Produktionstheorien, daß sie folgende beiden Möglichkeiten zulassen:

- Die Steuerungen über disjunkten Teilmengen von T können unabhängig voneinander festgesetzt werden.
- In jedem Zeitpunkt $t \in T$ können zusätzliche Informationen erhältlich sein, die bei der Wahl der zukünftig wirksamen Steuerung berücksichtigt werden können.

Zerfällt nun der Betrachtungszeitraum in disjunkte Teilperioden, für die die Eigenschaften statischer Theorie erfüllt sind, so sprechen wir von einer dynamischen Produktionstheorie mit diskreter Zeit. In diesem Fall genügt es, die Menge T endlich oder abzählbar zu wählen.

Kann dagegen für Teilperioden mit jedem beliebigen reellen Anfangs- und Endzeitpunkt innerhalb der Betrachtungsperiode, sofern sie disjunkt sind, die Steuerung unabhängig festgelegt werden, oder kann in beliebigen reellen Zeitpunkten innerhalb der Betrachtungsperiode neue Information erhältlich werden, dann muß die Zeitmenge T des produktionstheoretischen Modells als Teilintervall der reellen Geraden $\mathbb{R}$ gewählt werden.

In diesem Fall wollen wir von einer dynamischen Produktionstheorie mit kontinuierlicher Zeit sprechen, wenn jeder mögliche Zustandspfad stückweise stetig ist. Um diese Eigenschaft zu haben, braucht man auf der Menge Z eine topologische Struktur. Wir wollen die Bedeutung dieser Eigenschaft und die Strukturerfordernisse bezüglich Z hier aber nicht im allgemeinen verfolgen.

Für den deterministischen Spezialfall sei bezüglich des Steuerungsbereiches U folgendes festgelegt:
U sei das Cartesische Produkt aus einer abgeschlossenen Teilmenge U' eines endlich-dimensionalen euklidischen Raumes und einer Menge $Z' \subset Z \cup \{o\}$ mit $o \notin Z$.

Die Klasse $\underline{U}$ der zulässigen Steuerungen soll in beiden Fällen die Menge der Steuerungen $u = \binom{u_1}{u_2}$ sein, wobei $u_1 : T \to U'$ eine stückweise stetige Funktion ist und für $u_2 : T \to Z'$ gelten soll $u_2(t) = 0$ für fast alle $t \in T$.

Ferner sei der Zustandsbereich Z ein offenes Gebiet eines endlich-dimensionalen euklidischen Raumes und so gewählt, daß alle nach Maßgabe des folgenden möglichen Zustandspfade ganz in ihm verlaufen. Für Zeitintervalle, in deren Inneren überall $u_2(\cdot) = 0$ gilt, sollen die Zustandspfade durch das Differentialgleichungssystem

$$(3.18) \quad \dot{z}(t) := \frac{dz}{dt}(t) = f(z(t), u(t))$$

mit stetiger Funktion f festgelegt werden. In Zeitpunkten t mit $u_2(t) \in Z'$ soll gelten $z(t) = u_2(t)$, was dann auch als Anfangswert für die Lösung des Systems (3.18) in dem auf t folgenden Intervall gilt, in dem $u_2(\cdot) = 0$. Die Funktion f soll nicht nur stetig sein, sondern auch in jedem Punkte $(\zeta, \omega) \in Z \times U'$ stetige partielle Ableitungen nach den Komponenten von ζ besitzen [10]. Aus diesen Bedingungen folgt Existenz und Eindeutigkeit der Lösungen des Systems (3.18) [11]. Daraus folgt dann: Zu jedem Paar (ζ, u) mit $\zeta \in Z$ und $u \in \underline{U}$ existiert genau ein Zustandspfad $z(\cdot)$ mit $z(t) = \zeta$ für ein beliebiges aber festes $t \in T$. Und jeder Teilabschnitt eines

---

1o) Vgl. unten, Anhang B, den Abschnitt: "Problem"

11) Siehe z.B. *Athans - Falb*, [Optimal Control, 1966], S.116, Theorem 3 - 14.

solchen Zustandspfades zwischen zwei Zeitpunkten t und θ, ($t \leq \theta$) läßt sich in der Form

(3.19) $\{(\tau,\ \Phi(z(t),\ u,t,\tau)\,|\,\tau\in[t,\theta]\}$

schreiben, worin Φ die in Abschnitt 1. aufgestellten Anforderungen für den deterministischen Fall erfüllt.

Zu betrachten ist nun noch die Relation Ψ, die Zustandspfad und Steuerung eine Güterbewegung, also einen Pfad im Güterraum zuordnet. Diese Relation wird für den hier zu beschreibenden Spezialfall einer deterministischen dynamischen Produktionstheorie mit kontinuierlicher Zeit durch folgende Vorschrift festgelegt:

$$(3.2o)\qquad y(t) = \upsilon + \int_{t_o}^{t} \eta(z(\tau),\ u_1(\tau))d\tau$$

$$+ \sum_{\theta\in T_2(t)} \chi(u_2(\theta),\ \lim_{\tau\uparrow\theta} z(\tau)).$$

Darin ist $T_2(t) := \{\theta\,|\,\theta\in T;\ t_o \leq \theta \leq t;\ u_2(\theta) \neq 0\}$; υ ist aus Y_o zu wählen, wie in Abschnitt 1. definiert; η ist eine vektorwertige Funktion, $\eta : Z \times U' \rightarrow Y$, deren Komponenten sämtlich stetig sind und in jedem Argumentpunkt $(\zeta,\ \omega)$ stetige partielle Ableitungen nach allen Komponenten von ζ besitzen. Die Komponenten von η sind entweder "technische Verbrauchsfunktionen", auch als Momentanverbrauchsfunktionen bezeichnet, im Sinne von *Heinen* [12] oder aber Momentanleistungsfunktionen in Analogie zur Sprechweise von *Pressmar*, je nachdem ob sie sich auf eine Einsatzgüterart oder auf eine Ausbringungsgüterart beziehen.

---

12) Vgl. *Heinen*, [Kostenlehre, ^{3}197o], S. 228.

Die hier vorzuschlagende Theoriestruktur geht jedoch nicht davon aus, daß für alle Einsatzgüter Momentanverbrauchsfunktionen und für alle Ausbringungsgüter Momentanleistungsfunktionen angegeben werden können oder daß diese den Pfad der Güterbewegung vollständig zu bestimmen erlauben. Vielmehr sollen auch den punktuellen Eingriffen in den Prozeßablauf, die in dem Steuerungsbestandteil u_2 zum Ausdruck kommen, gütermäßige Konsequenzen zugeordnet werden. Diese sollen sich als momentane Sprünge im Verlauf der Güterbewegung äußern. Die Sprunghöhe für jede Güterart wird durch die entsprechende Komponente der vektorwertigen Funktion $\chi : Z' \times Z \to Y$ bestimmt und zwar in Abhängigkeit vom Zustand unmittelbar vor dem Eingriff und dem durch ihn hergestellten Zustand.

Man kann sich nun die Frage stellen, inwieweit kontinuierliche Güterströme überhaupt realistisch sind. In der Realität treten Güterbewegungen meist diskontinuierlich in Erscheinung. Am Fließband beispielsweise wird jeweils zu bestimmten diskreten Zeitpunkten eine Einheit fertig. Auch bei Verbrauchsfaktoren ist häufig diskontinuierliches "Strömen" zu beobachten. Man denke an den Werkstoffeinsatz bei Bearbeitungsvorgängen, an die Chargenprozesse in der chemischen Industrie oder in Kokereien. Die Einbeziehung von Lagerungsvorgängen verstärkt noch die Diskontinuitäten. Für eine "finanzwirtschaftliche Theorie der Produktion" im Sinne *Dieter Schneiders* müssen darüber hinaus noch die Zahlungsfristen einbezogen werden, der Zinslauf richtet sich schließlich nach den Zahlungszeitpunkten. Wir wollen hier nicht ausführlich diskutieren, ob eine Produktions- und Kostentheorie finanzwirtschaftlich formuliert werden sollte, ob Lagervorgänge einbezogen werden müssen usw., sondern uns auf den Standpunkt stellen, daß Beschaffung und Bezahlung zeitlich durch den Einsatz in die Produktion bestimmt werden, ohne jedoch zu fordern, daß diese drei Akte in einen Zeitpunkt zusammenfallen. Welche der drei Zeitordnungen produktionstheoretisch maßgebend ist, soll hier unerörtert bleiben. Wir wollen nur feststellen, daß sich auch für diskrete Güterbewegungen, wie Zahlungsvorgänge, Lagerbewegungen und dergleichen kontinuierliche Geschwindigkeiten definieren lassen, wenn man mit einer näherungsweisen Betrachtung zufrieden ist. Solche Geschwindigkeiten - wie sie in den Momentanverbrauchs- bzw. -leistungsfunktionen vorkommen, kann man erhalten, indem man die diskreten Bestands- bzw. kumulierten Bewegungsfunktionen irgendwie durch eine differenzierbare Funktion annähert. Deren Ableitung ist dann die Geschwindigkeit.

Für die Maßnahmen ergeben sich ähnliche Probleme. Würde man alles ganz genau nehmen, so setzen sich die meisten Produktionsvorgänge aus zyklisch wiederkehrenden Aktionen zusammen, die vielleicht durchaus durch kontinuierliche Intensitäten beschrieben werden. Beispiele sind Rüstphasen, Anlaufphasen, Bearbeitungsphasen usw. Man mag sich hier das ganze Arsenal an Unterscheidungen der Betriebswissenschaft vor Augen führen. Ist man wieder mit einer Näherungsbetrachtung zufrieden, dann kann man auf die Betrachtung dieses phasenweisen Ablaufs [13] verzichten und den ganzen Prozeß durch einige Intensitäten kontinuierlich kennzeichnen; als Beispiel betrachtet man das Phänomen der zeitlichen Anpassung. Man stellt diese dann nicht als Aufeinanderfolge von Arbeits- und Stillstandsphasen bestimmter Länge dar, sondern als den Quotienten aus Arbeitszeit und Kalenderzeit für eine geeignete Periode.

---

13) Solche Betrachtungen findet man bei *Heinen*, [Kostenlehre ³197o], S. 23o ff.

Für eine solche näherungsweise Betrachtung spielen dann in der Regel auch die time-lags zwischen Einsatz und Ausbringung eine Rolle, die - wollte man sie in der Theorie erfassen - Schwierigkeiten machen. Die dynamische Theorie mit kontinuierlicher Zeit geht ja davon aus, daß sich die Güterbewegungsintensitäten in einem Zeitpunkt aus kontinuierlicher Steuerung und Zustand in diesem selben Zeitpunkt erklären lassen.

Nicht alle Maßnahmen und auch nicht alle Güterbewegungen werden sich in dieser Weise glattbügeln lassen. Deshalb ist der diskrete Steuerungsbestandteil mit seiner Einwirkung auf die Güterbewegung vorgesehen. Eine kontinuierliche Betrachtung empfiehlt sich für Vorgänge, die sich regelmäßig und - gemessen an der Länge der Betrachtungsperiode - in kurzen Zeitabständen wiederholen. Dann kann der in der Realität vorhandene zeitliche Raster dem Auge der Theorie zu einem kontinuierlichen Bild verschwimmen. Kommen aber Maßnahmen oder Güterbewegungen bestimmter Art in der Betrachtungsperiode nur sporadisch, unregelmäßig oder selten vor, dann wird man sie im Produktionsmodell als Impulse oder endliche Sprünge zu diskreten Zeitpunkten erfassen.

Ganz entsprechend zum Begriff der Produktion im statischen Modell kann man auch in dynamischen Modellen die Produktion definieren, hier natürlich für jedes $t \in T$. Für ein Modell mit diskreter Zeit überträgt sich der Begriff der Produktion im statischen Fall unmittelbar auf die Teilperioden, im Modell mit kontinuierlicher Zeit ist die Produktion im

Zeitpunkt t durch den Wert der Funktion

$$\eta(z(t), u(t)) + \sum_{\theta \in T_2(t)} \delta(t-\theta) \; \chi(u_2(\theta), \lim_{\tau \uparrow \theta} z(\tau))$$

definiert.

Darin bezeichnet δ die *Diracsche* Einheitsimpulsfunktion, die überall identisch null ist mit Ausnahme des Nullpunkts, wo sie den Wert $\lim_{dt \to 0} \frac{1}{dt}$ annimmt, so daß gilt

$$\int_{-\infty}^{\tau} \delta(\theta) \, d\theta = \begin{cases} 0 \text{ für } \tau < 0 \\ 1 \text{ für } \tau \geq 0 \end{cases} .$$

Nun sei noch der angekündigte Spezialfall einer stochastischen dynamischen Produktionstheorie mit kontinuierlicher Zeit betrachtet.

Als Zustandsbereich Z lassen wir hier der mathematischen Einfachheit halber nur endliche Mengen zu. Stückweise Stetigkeit der Zustandspfade versteht sich dann als stückweise Konstanz, d. h. für fast alle $t \in T$ existiert für jede Folge (t_n) mit $t_n \to t$ eine natürliche Zahl N, so daß für alle $n \geq N$ gilt: $z(t_n) = z(t)$. Für die spezielle stochastische Theorie nehmen wir grundsätzlich an, daß die Realisierungen der Zustandspfade in den Sprungzeitpunkten bereits den neuen Zustand innehaben, m.a.W. daß $\lim_{\tau \downarrow t} z(\tau) = z(t)$. Unter bestimmten Bedingungen, die im Zusammenhang mit der Einwirkung der Steuerung noch zu erläutern sind, lassen wir jedoch auch zu, daß $\lim_{\tau \downarrow t} z(\tau) \neq z(t) \neq \lim_{\tau \uparrow t} z(\tau)$ in einem Sprungzeitpunkt t gilt, daß also, wenn man so will, in diesem Zeitpunkt zwei Sprünge stattfinden: ein Sprung vom Zustand unmittelbar vorher zu einem Zustand im Sprungzeitpunkt und von dort weiter zu einem anderen Zustand unmittelbar nach dem Sprungzeitpunkt.

Als σ-Algebra $\mathfrak{F}$ im Sinne von Abschnitt 1 wird hier die Potenzmenge von Z gewählt. Die Zufallsvariablen X_t^u haben dann sämtlich diskrete Verteilungen, d.h. jeder Zustand ζ hat unter jeder dieser Zufallsvariablen eine bestimmte Wahrscheinlichkeit $P((X_t^u)^{-1}(\zeta))$ und es gilt $\sum_{\zeta \in Z} P((X_t^u)^{-1}(\zeta))=1$.

Die Steuerungen sollen im stochastischen Fall ganz analog zum deterministischen Fall konstruiert sein. Lediglich tritt an die Stelle der Menge Z' nun eine Menge $\underline{X} \cup \{0\}$ mit $0 \notin \underline{X}$. Darin bezeichnet $\underline{X}$ eine Teilmenge der über dem Wahrscheinlichkeitsraum, über dem auch die X_t^u definiert sind, definierten Zufallsvariablen mit Werten im Zustandsraum Z. Der Steuerungsbestandteil u_2 ist nun eine Abbildung $u_2\colon T \to \underline{X} \cup \{0\}$ mit $u_2(t) = 0$ für fast alle $t \in T$.

Die Funktionen $P_{u,\tau,t}$ werden hier folgenden zusätzlichen Bedingungen unterworfen:

Falls $u_2(t) = 0$, so existiert für jedes geordnete Paar (ζ,ξ) von Elementen der Zustandsmenge Z mit $\zeta \neq \xi$:

$$\lim_{\tau \uparrow t} \frac{P_{u,\tau,t}(\zeta, \{\xi\})}{t - \tau}$$ und ist eine stetige Funktion $\lambda_{\zeta,\xi} : U' \to \mathbb{R}$,

so daß gilt:

$$(3.21) \quad \lim_{\tau \uparrow t} \frac{P_{u,\tau,t}(\zeta, \{\xi\})}{t - \tau} = \lambda_{\zeta,\xi}(u_1(t)).$$

Falls dagegen $u_2(t) \in \underline{X}$, so existiert für beliebiges ζ und ξ und jedes $\tau < t$ $\lim_{\theta \downarrow t} P_{u,\tau,\theta}(\zeta, \{\xi\})$ und mit der Bezeichnungsweise $X^{-1}_{u_2(t)} := u_2(t)$ gilt

$$(3.22) \quad \lim_{\theta \downarrow t} P_{u,\tau,\theta}(\zeta, \{\xi\}) = P(X^{-1}_{u_2(t)}(\xi)).$$

Statt (3.22) kann man nicht einfach vorschreiben: $P_{u,\tau,t}(\zeta, \{\xi\}) = P(X^{-1}_{u_2(t)}(\xi))$. Es muß zugelassen werden,

daß $\lim_{\theta \downarrow t} P_{u,\tau,\theta}(\zeta, \{\xi\}) \neq P_{u,\tau,t}(\zeta, \{\xi\})$.

Dies deshalb, weil ein Sprung infolge des "natürlichen" (nur von u_1 beeinflußten) Prozeßablaufs und ein durch die diskrete Steuerung dekretierter Sprung gleichzeitig auftreten können. Betrachten wir eine Realisierung des Zustandsprozesses, bei der zu irgendeinem Zeitpunkt t der Zustand nach ξ springt. Die Steuerung u_2 kann nun der Strategie folgen, sofort wenn ξ erreicht wird, eine bestimmte Maßnahme zu ergreifen, die für den weiteren Fortgang des Prozesses eine bestimmte Ausgangsverteilung $P(X^{-1}_{\omega_2}(\cdot))$ des Zustands herbeiführt. Für die Realisierung bedeutet dies, daß der Zustand dann im Zeitpunkt t noch einmal springen kann, nach Maßgabe dieser Verteilung. (Diese kann im Spezialfall auch einpunktig sein, so daß es möglich ist, einen Ausgangszustand in t für den weiteren Fortgang des Prozesses ohne Zufallseinfluß zu dekretieren.) Dies ist dann der weiter oben schon erwähnte Fall, daß für eine Realisation $\lim_{\tau \uparrow t} (z(\tau)) \neq z(t) \neq \lim_{\tau \downarrow t} (z(\tau))$ zugelassen wird.

Was nun die Relation Ψ im stochastischen Fall betrifft, so lassen sich die für den deterministischen Fall getroffenen Feststellungen wörtlich übertragen für jede feste Realisierung des stochastischen Prozesses im Zustandsraum. Jede feste Realisierung erhält durch (3.2o) eine eindeutig bestimmte Güterbewegung zugeordnet. Das ermöglicht es, bei den folgenden Überlegungen zur Überführbarkeit dynamischer Produktionstheorien in Produktions- und Kostentheorien, unsere speziellen deterministischen und stochastischen Theoriestrukturen zusammen zu behandeln. Hat man nämlich ein Kostenfunktional über den deterministischen Güterbewegungen definiert, so hat man damit auch ein Kostenfunktional über den Realisationen des stochastischen Prozesses, der im Güterraum induziert wird durch den Prozeß im Zustandsraum. Als Kostenbetrag im stochastischen Fall hat man dann - entsprechend unseren Überlegungen zum statischen stochastischen Modell - den Erwartungswert des Funktionals über alle Realisationen.

Versuchen wir nun, eine dynamische Produktionstheorie in eine Produktions- und Kostentheorie überzuführen, so ist dabei jeder Güterbewegung $y : T \to Y$ ein Kostenbetrag zuzuordnen. Für den Spezialfall, daß die Produktionen wie im statischen Modell erklärt sind, gilt die Formel (3.13) in modifizierter Form: Der Ausdruck für den Vektor der Flow Prices ist zu ersetzen durch $w(z(\cdot))^T$.

Im allgemeinen Fall bei diskreter Zeit existiert definitionsgemäß eine Zerlegung der Betrachtungsperiode in disjunkte Teilperioden, in denen die Voraussetzungen statischer Theorie gelten. Für jede dieser Teilperioden lassen sich also ohne weiteres Kostenbeträge definieren. Setzen wir nun für den Augenblick die Annahme, die Preise W und w seien für alle Teilperioden dieselben. Würde man unter dieser Annahme die Kostenbeträge der Teilperioden einfach addieren, um zu einem

Gesamtkostenbetrag für ganz T zu gelangen, so wäre damit behauptet, es sei den Produzenten gleichgültig, welche Produktionen sie in den Teilperioden erzielen, wenn sie nur, in statischer Charakterisierung, dieselbe Produktion der Gesamtperiode erreichen. Sie wären also ohne weiteres bereit, bewertet zu den Preisen W und w, höhere Kosten in der Teilperiode am Anfang hinzunehmen, wenn sie dafür mit einer gleich hohen Ermäßigung der Kosten, ebenfalls bewertet zu W und w, in der letzten Teilperiode entschädigt würden. In der Realität wird dies aber nicht der Fall sein: Man wird die skizzierte Kostenverschiebung als ein schlechtes Geschäft ansehen, denn durch sie wird die Kapitalbindung der Produktion erhöht und Kapital kostet Zinsen.

Betrachten wir eine endliche Zeitmenge T, die in t_1 endet und nehmen wir an, daß der Kostenbetrag jeder Teilperiode an deren Ende t gezahlt werden muß. Dann ist dieser Betrag von t bis t_1 zu verzinsen. Bei kontinuierlicher Verzinsung mit der konstanten Rate ρ bedeutet dies, daß die Kosten einer in t endenden Teilperiode einschließlich Zinsen bis t_1

$C_t \, e^{\rho(t_1-t)}$ betragen, wenn man die mit den Preisen W und w bewerteten Teilperiodenkosten mit C_t bezeichnet. Für die Gesamtkosten von T ergibt sich dann

$$(3.23) \quad C = \sum_{\substack{t \in T \\ t \neq t_o}} C_t \, e^{\rho(t_1 - t)}$$

Natürlich kann man - bei konstanter Verzinsungsrate - statt des Bezugszeitpunkts t_1 auch jeden anderen Zeitpunkt aus T wählen und den Barwert für diesen Zeitpunkt als Kosten für T auffassen. Zwar ändert sich dann die absolute Kostenhöhe, für das Entscheidungsproblem aber ändert sich nichts.

Um diese Betrachtung auf unsere kontinuierlichen Modelle zu übertragen, kann man die Länge der Teilperioden des diskreten Falles gegen Null streben lassen. Trifft man dann die Vereinbarungen

(3.24) $T_2 := T_2(t_1) \cup \{t_o\}$ [14],

(3.25) $\Delta y(\theta) := \chi(u_2(\theta), \lim_{\tau \downarrow \theta} z(\tau))$ für alle $\theta \in T_2(t_1)$,

(3.26) $\Delta y(t_o) := \upsilon$ und

(3.27) $\tau(\theta) := \min_{\substack{\tau \in T_2 \\ \tau > \theta}} \tau$,

so erhält man als Kosten (für eine feste Realisierung des Zustandsprozesses) der Periode $[t_o, t_1]$:

(3.28) $C\, e^{-\rho t_1} =$

$$= \sum_{\theta \in T_2} W(\theta)^T \Delta y(\theta)\, e^{-\rho^{\theta}} + \int_{\theta}^{\tau(\theta)} [W(t)^T y(t) + w(z(t))^T y(t)]e^{-}$$

Dabei ist unterstellt, daß die Stock Prices W stückweise stetig von der Zeit abhängen, daß die Flow Prices w für jeden Zeitpunkt t nur vom Momentanzustand z(t) abhängen und zwar so, daß die Funktion $w \circ z$ stückweise stetig von der Zeit abhängt. $y(t)$ und $\dot{y}(t) := \frac{dy}{dt}(t)$ wird im Inneren jedes Intervalls $(\theta, \tau(\theta))$ durch (3.2o) definiert.

---

14) Zur Definition von $T_2(t)$ vgl. S. 59.

Mit unserem Entschluß, die zeitliche Vergleichbarkeit der Güterbewegungen verschiedener Zeitpunkte durch Diskontierung mit der konstanten Rate ρ herbeizuführen, sehen wir uns natürlich dem vieldiskutierten Problem des Kalkulationszinsfußes gegenüber.

Der Kalkulationszinsfuß soll eine Maßgröße sein für die Alternativkosten einer Verschiebung von Zahlungen in der Zeit. Wir nehmen hier an, daß die Zeitordnungen [15] der Zahlungen und der entsprechenden Güterbewegungen fest miteinander verknüpft sind, daß also die Produktionssteuerung auch die Zahlungen unmittelbar festlegt. Angesichts fester Zahlungsgewohnheiten, bestimmter Lagerhaltungspolitiken, deren Kostenwirkungen in den Flow Prices der entsprechenden Güterarten zum Ausdruck kommen müssen, dürfte diese Annahme der Realität hinreichend nahekommen. Somit erhält der Kalkulationszinsfuß die Aufgabe anzuzeigen, welche Kostenwirkung die zeitliche Verschiebung von Güterbewegungen hat. Er soll je Kapitaleinheit, d.h. je Werteinheit mal Zeiteinheit der Verschiebung die maximale Kosteneinsparung bzw. Anlagerendite und die minimale Kostenerhöhung bzw. den minimalen Verzicht auf alternative Erträge angeben, die durch Verschiebungen hervorgerufen werden können. Diese Alternativkosten richten sich nach dem Investitions- und Finanzplan und sind abhängig von den jeweils offenen Anlage- und Finanzierungsmöglichkeiten. Es ist klar, daß im allgemeinen ein Kalkulationszinsfuß, der die Alternativkosten für alle möglichen Verschiebungen von Zahlungen eines bestimmten Zeitpunkts richtig wiedergibt, nicht existiert [16], geschweige denn ein für die ganze Betrachtungsperiode gültiger konstanter Kalkulationszinsfuß. Ein solcher kann also im allgemeinen nur als eine grobe Näherungsbetrachtung angesehen werden.

---

15) *Gutenberg*, [Finanzen, 197o], S. 1o - 12.

16) Zur Existenz zeitabhängiger Kalkulationszinsfüße in diskreten Modellen vgl. etwa *Hax*, [Investitionstheorie, 197o], S. 76 - 83.

Die hier vorgeschlagene theoretische Struktur bietet jedoch gewisse Möglichkeiten, diese Näherungsbetrachtung zu verfeinern, sofern dies bei der Ungewißheit bezüglich zukünftiger Investitions- und Finanzierungsmöglichkeiten angebracht erscheint. Man kann nämlich die Wirkung des allgemein gültig angenommenen Kalkulationszinsfußes für einzelne, besonders aus punktuellen Steuerungsmaßnahmen resultierende Güterbewegungen individuell korrigieren, indem man die Flow Prices entsprechend ansetzt. Diese sind ja zustandsabhängig vorgesehen und lassen sich - um exogene Einflüsse aufzunehmen - auch zeitabhängig machen, indem man die Zeit unter die Zustandskoordinaten mitaufnimmt. Was hierzu weiter ausgeführt werden könnte, hängt von der empirischen Interpretation der formalen Struktur ab, von der betrachteten Klasse von Produktionsprozessen. Allgemein ist lediglich noch anzumerken, daß Kalkulationszinsfuß und Flow Prices in einer Produktions- und Kostentheorie erklärt werden müssen, daß sie nicht einfach als Daten postuliert werden können. Mindestens müssen Vorschriften gegeben werden, wie Kalkulationszinsfuß und Flow Prices für die betrachtete Klasse von Prozessen zu bestimmen sind. Man baut sonst in die Theorie Alibiparameter ein, die ihre empirische Prüfbarkeit zerstören.

Wir wollen hier darauf verzichten, den Ansatz einer Produktions- und Kostentheorie auf der Basis einer dynamischen Produktionstheorie-Struktur in abstracto auszuführen, etwa nach Art der Formeln (3.13) bis (3.16). Erst in ihrer Interpretation als integrierter Produktionsprozeß mit Potentialfaktor-Betriebsmitteln soll dies für die deterministische dynamische Produktionstheorie in Kapitel IV weiter verfolgt werden. Auf ein Problem, das bei der Formulierung stochastischer dynamischer Produktions- und Kostentheorien auftritt, soll jedoch hier noch hingewiesen werden, nämlich auf das Problem der Berücksichtigung der Informationen, die mit dem Ablauf des Zufallsprozesses nach und nach anfallen. Die Steuerung braucht ja nicht für den ganzen Betrachtungszeitraum am Anfang festgelegt zu werden, sondern man kann sie abhängig machen von der Realisation des Zufallsprozesses, die eintritt. Die Steuerung wird dann nicht mehr starr als Funktion der Zeit festgelegt, sondern als Strategie in Abhängigkeit von den Zügen eines fiktiven Gegenspielers, der die Realisierung des Zufallsprozesses wählt. Solche strategisch formulierten Steuerungen werden als Feedback-Steuerungen bezeichnet [17]. Die optimale Feedback-Steuerung geht nun bei der Festsetzung der gegenwärtigen Maßnahmen davon aus, daß in jedem zukünftigen Zeitpunkt nach Maßgabe der dann vorliegenden Information über die eingetretene Realisierung optimal gesteuert wird. Eine optimale Feedback-Steuerung ist nun aber in der Regel nicht leicht zu finden; eine optimale starre Steuerung (open-loop control) zu finden, bei der die zuwachsende Information nicht berücksichtigt wird, ist in der Regel leichter. Es gibt aber auch noch eine Zwischenlösung, nämlich die eintretenden Informationszuwächse zwar zu Revisionen der Steuerung auszunutzen, aber nicht zu berücksichtigen, daß man dies auch in der Zukunft immer tun wird; m.a.W. in jedem Zeitpunkt, in dem neue Informationen über die Realisation eintreffen, löst man neu ein starres Steuerungsproblem mit dem dann bekannten neuen Zustand als Anfangswert. Eine so ermittelte Steuerung wird als open-loop-optimale Feedback-Steuerung bezeichnet. Man kann erwarten, daß sie bessere Lösungen liefert als die starre Steuerung, daß sie aber die optimale Feedback-Steuerung nicht erreichen wird.

---

17) Die hier vorgestellten Überlegungen und Termini gehen zurück auf *Dreyfus*, [Introduction, 1968], S. 4 - 7.

Zum Schluß dieses Abschnittes 2 wollen wir noch auf eine andere Konzeption der formalen Struktur dynamischer Produktionstheorie hinweisen, die von *Stöppler* entwickelt wurde [18] und motivieren, warum wir diesem Ansatz nicht folgen. Auch *Stöppler* konzipiert ein dynamisches Produktionssystem auf der Grundlage kontrolltheoretischer Modellstrukturen. Darin jedoch wird der Gütervektor als Steuerungsmaßnahme aufgefaßt, also die Produktion im Sinne unserer Untersuchung nimmt den Platz der Steuerung ein. Die momentane Produktion jedes Zeitpunktes ist wählbar aus der Technologiemenge dieses Zeitpunktes, wie in der klassischen Produktionstheorie. Dabei wird die Struktur der Technologiemengen nicht auf für die Unternehmung unmittelbar festlegbare Steuergrößen zurückgeführt. Letztere Aufgabe wird gemäß der klassischen Tradition nach außerhalb der Produktionstheorie verwiesen. Demgegenüber ist unser Ansatz eine Weiterführung des produktionstheoretischen Konzepts von *Gutenberg*, für den wählbar nur die Einsatzweise der Produktionsapparatur ist, während Güterverbrauch und -ausbringung als Ergebnisse folgen. Außerdem lassen sich - prima vista - deterministische und stochastische Theoriestruktur einheitlicher konzipieren, wenn man als Steuerungsvariable nur solche Größen zuläßt, die fest in der Hand der Produzenten sind. Denn in stochastischen Modellen ist man gezwungen, die Produktion als zufallsabhängiges Ergebnis nicht dagegen als durch Entscheidung festlegbar anzusehen. Als Steuerungsvariable könnte man allenfalls die Parameter der Verteilung der momentanen Produktion eines jeden Zeitpunkts ansehen, die dann eine vom zufallsbedingten Zustand des Systems im jeweiligen Zeitpunkt abhängige, entsprechend verallgemeinerte, "dynamische Produktionsfunktion" im Sinne *Stöpplers* erfüllen müßten.

Mit dieser Betrachtung wollen wir die abstrakte Diskussion unserer Theoriestruktur verlassen und in dem folgenden Abschnitt 3 einige Probleme ihrer Anwendung auf den integrierten Produktionsprozeß der Inanspruchnahme und Instandhaltung von Potentialfaktor-Betriebsmitteln erörtern, bevor in Kapitel IV der Versuch gemacht wird, sie für den deterministischen Fall in eine Produktions- und Kostentheorie überzuführen.

---

18) *Stöppler*, [Produktionstheorie, 1972], S. 29 ff.

3. In Abschnitt 1 dieses Kapitels wurde die formale Grundstruktur einer Produktionstheorie angegeben, wie sie im folgenden verwendet werden soll. Sie wurde so allgemein formuliert, daß sie deterministische und stochastische, statische und dynamische Varianten zuläßt, wie sie in Abschnitt 2 vorgestellt und zur Grundlage produktions- und kostentheoretischer Betrachtungen vorbereitet wurden. Alle diese Ausführungen blieben abstrakt und weitgehend formal. In diesem Abschnitt 3 soll nun gezeigt werden, wie die Struktur einer solchen Produktionstheorie als integrierter Prozeß von Nutzung und Instandhaltung eines Potentialfaktor-Betriebsmittel-Aggregates interpretiert werden kann.

Der Güterraum Y enthält nur solche Koordinaten, die zu Güterarten gehören, die in Beschaffungs- oder Ausbringungsmengeneinheiten auf natürliche Weise gemessen werden können. Es werden keine fiktiven Güter benötigt wie etwa das Nutzungspotential im Rahmen des Konzeptes der Potentialverbrauchsfunktion. Zu diesen Gütern gehören - wie in der betriebswirtschaftlichen Produktionstheorie üblich - objektbezogene Arbeit, Betriebsstoffe einschließlich Energie und Werkstoffe, letztere sofern ihr Verbrauch nicht einfach produktmengenabhängig ist, sondern von der Art und Weise des Maschinenbetriebs abhängt, sonst können sie außer acht bleiben.

Zu den Gütern gehören ferner die Produkte bzw. die erbrachten Leistungen. Werkstoffe und Produkte stehen, was die maschinellen Produktionsprozesse anbetrifft in so engem Zusammenhang, daß es oft willkürlich erscheint, ob man das Produkt als Bearbeitungsleistung an Werkstoffen oder als Herstellung eines Halb- oder Fertigfabrikates definiert, ob man also quasi eine Netto- oder Bruttobetrachtung anstellt.

Zu den Gütern gehören weiterhin die benötigten Potentialfaktor-Betriebsmittel und zwar mit ihren zu beschaffenden Mengen und die Ersatzteillieferungen und Instandhaltungsleistungen. Diese werden als außerhalb des integrierten Produktionsprozesses der Nutzung und Instandhaltung des involvierten Potentialfaktor-Betriebsmittelbestandes produziert angesehen und für sie werden - wie für alle anderen Güter - im allgemeinen zeitabhängige Preise unterstellt, die im Falle selbsterstellter Güter die durch sie verursachten Kosten sind.

Im Zustandsraum soll vor allem der technische Zustand der Potentialfaktor-Betriebsmittel zur Darstellung kommen, soweit er infolge des Prozesses der Nutzung und Alterung Änderungen unterliegt, m.a.W. die z-Situation im Sinne *Gutenbergs*, soweit sie abnutzungs- und alterungsabhängig ist. Diese z-Situation [19] muß nun so gewählt werden, daß es möglich ist, Abbildungen Φ und Ψ gemäß der allgemeinen Struktur anzugeben, die sich empirisch bewähren. Das bedeutet, die z-Situation muß alle Einflüsse quantitativ erfassen, die der momentane technische Zustand des Aggregates ausübt zum einen auf den Verbrauch an Arbeit, Werk- und Betriebsstoffen und auf die Ausbringungsmengen an Produkten und zum anderen auf den Fortgang des Abnutzungs- und Alterungsprozesses selbst, soweit er wegen seiner zuerst genannten Einflüsse von Interesse ist.

In gewissen Fällen kann es darüberhinaus notwendig werden, daß der Zustandsraum auch zur Beschreibung der Qualität des momentan verarbeiteten Werkstoffes oder der momentan geforderten Produkte dienen muß. So gesehen können z.B. bei einem Auto die Nutzlast und die befahrene Straße (Steigungen, Kurven, Stadtverkehr usw.) als Zustandsvariable erfaßt werden oder bei einem Flugzeug Nutzlast, Kraftstoffvorrat und Wind- und Wetterverhältnisse auf der zu bewältigenden Flugstrecke.

---

19) Wenn fortan hier von "z-Situation" die Rede ist, dann immer im Sinne der abnutzungs- und alterungsabhängigen Zustandsgrößen des Potentialfaktors. Hier wird also, wenn man will, der Begriff der z-Situation etwas enger gefaßt als bei *Gutenberg*, [Produktion, [18]1971], S. 33o.

Diese Zustandsvariablen sind jedoch größtenteils rein zeitabhängig und werden in ihrer Entwicklung nicht von den anderen Zustandsvariablen oder ihren eigenen momentanen Werten beeinflußt. Solche exogenen [20] Zustandsvariablen sind im Rahmen unserer Problemstellung nicht von besonderem Interesse. In den meisten Fällen - wie z.B. auch bei dem Autobeispiel - wird man solche Zustandsvariablen in der Regel nicht brauchen, weil eine Näherungsbetrachtung ausreicht, für die Schwankungen jener Variablen unerheblich sind, d.h. weil der zeitliche Raster der Betrachtung so grob ist, daß diese Schwankungen hindurchfallen.

Die Steuerung des integrierten Produktionsprozesses mit Potentialfaktor-Betriebsmitteln zerfällt in zwei Maßnahmenkategorien: die Steuerung der Inanspruchnahme und die Instandhaltungsmaßnahmen. Beide Maßnahmenkategorien können grundsätzlich diskrete und kontinuierliche Steuerungsbestandteile enthalten. Diskrete Inanspruchnahmeimpulse wird man z.B. bei Sortenwechselproblemen einführen. Die Umstellung zwischen zwei Sorten wird dann als sprunghafte Zustandsänderung formuliert, die auch sprunghafte Güterverzehre auslöst. Die Sorte, für die die Anlage momentan betriebsbereit ist, wird dann als Zustandsvariable eingeführt [21]. So wird man insbesondere dann vorgehen, wenn Reihenfolgeprobleme betrachtet werden sollen. Ist dies nicht der Fall, so kann man auch die Sortenwechselhäufigkeit für eine geeignete Periode als "Intensität" auffassen.

2o) Der Kraftstoffvorrat des Flugzeuges zählt nicht hierher. Das Auftanken könnte man auch als Instandhaltungsmaßnahme auffassen; jedenfalls ist diese Variable endogen.

21) Diese Zustandsvariablen werden von *Heinen*, [Kostenlehre ³197o], S. 225 als u-Situation des Aggregats bezeichnet.

Die Inanspruchnahmesteuerung des Aggregates wird dann eine kontinuierliche Kontrollvariable für die Umrüstintensität enthalten, was allerdings einen entsprechend groben zeitlichen Raster der Betrachtung bedingt. Zur Steuerung der Inanspruchnahme braucht hier nichts weiter ausgeführt zu werden; die betriebswirtschaftliche Produktionstheorie im Anschluß an *Gutenberg* hat die möglichen Formen kontinuierlicher Variation der Inanspruchnahme für die hier verfolgten Zwecke hinreichend diskutiert [22]. Wir setzen nur voraus, daß die Inanspruchnahme für alle $t \in T$ durch endlich viele Parameter gekennzeichnet werden kann, wobei diese Kennzeichnung sich bei diskreter Zeit auf die mit t beginnende Teilperiode beziehen soll. Die kontinuierlichen Inanspruchnahmeparameter sollen zu dem Vektor u_1^I zusammengefaßt werden, die diskreten zu dem Vektor u_2^I .

Die Instandhaltungsmaßnahmen werden hier ebenfalls als Steuerungsbestandteil aufgefaßt [23]. Die Instandhaltungsparameter werden zu dem Vektor u^{II} zusammengefaßt. Allgemein bedeutet Instandhaltung Aufrechterhaltung einer funktionsfähigen Potentialfaktor-Betriebsmittel-Kapazität bestimmter Qualität und Größe. Daher wird auch der vollständige Ersatz eines Potentialfaktor-Betriebsmittel-Aggregates durch ein neues Exemplar - nicht notwendig von gleicher Bauart und technischem Entwicklungsstand - zu den Instandhaltungsmaßnahmen gerechnet.

---

22) Hier kann auf *Heinen*, [Kostenlehre, [3]197o] und *Pressmar*, [Kosten- und Leistungsanalyse, 1971] verwiesen werden.

23) Diese Auffassung tritt m.W. erstmalig auf bei *Näslund*, [Repair, 1966].

Im übrigen gehören dazu alle Reparaturen, Teilerneuerungen, Modernisierungen, Überholungen, Überwachungs- und Wartungsmaßnahmen. Ähnlich wie bei den Güterbewegungen sollen hier kontinuierliche Instandhaltung, auch laufende oder Routine-Instandhaltung genannt und diskontinuierliche Instandhaltung auseinandergehalten werden. Die Routine-Instandhaltung wird als kontinuierlicher Maßnahmenstrom aufgefaßt und in jedem Zeitpunkt durch eine endliche Anzahl von Geschwindigkeiten oder Instandhaltungsintensitäten dargestellt. Sie sollen also zu dem Steuerungsbestandteil u_1 gehören. Gedacht ist hierbei an Instandhaltungsmaßnahmen wie das routinemäßige Auswechseln von Verschleißteilen, Werkzeugen, Öl- bzw. Fettfüllungen, routinemäßige Reinigungs- und Nachstellarbeiten, die im gesamten Betrachtungszeitraum regelmäßig und so häufig auftreten, daß sie als kontinuierlich wirksam aufgefaßt werden können. Dies ist natürlich nur eine Näherungsbetrachtung, denn streng genommen sind alle diese Maßnahmen diskrete Maßnahmen und wirken auf die z-Situation nach Art des Steuerungsbestandteils u_2. Nun ist es aber unmöglich, praktisch z-Variable für all die Merkmale einzuführen und zu messen, die von solchen Maßnahmen unmittelbar betroffen sind. Man muß auch bezüglich der z-Situation praktisch mit einem sehr groben Raster arbeiten. Die Einführung der kontinuierlichen Instandhaltung dient so dem Zweck, eine große Anzahl von z-Variablen überflüssig zu machen, sie als durchschnittliche Werte, die momentan geändert werden können, anzusehen und der Steuerung zuzuschlagen. Wenn z.B. die Ölwechsel-Intervalle für einen Dieselmotor, verglichen mit der Lebensdauer kurz sind, dann braucht man die momentane Qualität des im Motor befindlichen Öls (Schwefelgehalt, Gehalt an Verbrennungsrückständen, Abriebpartikeln usw.) nicht als z-Variable ausdrücklich erscheinen zu lassen, sondern kann die Verschleißgeschwindigkeit des Motors direkt als Funktion des Ölwechselintervalls darstellen. (Der reziproke Wert des Ölwechselintervalls wäre eine "Instandhaltungsintensität".) Die Verhältnisse sind hier ähnlich, wie bei der zeitlichen Anpassung, die man in der Regel auch nicht als Aufeinanderfolge von Betriebs- und Stillstandsphasen darstellen wird, sondern ebenfalls als "Intensität", etwa durch den Quotienten von Betriebszeit und Kalenderzeit für irgendeine Bezugsperiode, für die dieser Quotient planerisch festgesetzt wird.

Man kann nun aber keinesfalls alle Instandhaltungsmaßnahmen auf diese Weise kontinuierlich darstellen, ohne die Ziele der Produktions- und Kostentheorie zu verfehlen. Jedenfalls Ersatzbeschaffungen, größere Reparaturen und alle anderen Instandhaltungsmaßnahmen, die zustandsabhängig, nicht zeitabhängig vorgenommen werden, passen nicht in diesen Rahmen. Diese diskreten Maßnahmen, die den Steuerungsbestandteil u_2 unserer Modellstruktur darstellen, werden so definiert, daß sie in einem bestimmten Zeitpunkt eine genau oder nach Maßgabe einer Wahrscheinlichkeitsverteilung bestimmte z-Situation herstellen, ohne daß für die Definition der Maßnahme der Zustand vorher eine Rolle spielt. Wohl spielt dieser aber eine Rolle für den Güterbedarf der Maßnahme und damit für die Kosten.

Infolge der gewählten Formulierung der Theoriestruktur könnte ein Wahlproblem verdeckt werden, das bei der Bestimmung des Güterbedarfs diskreter Instandhaltungsmaßnahmen auftreten kann und auf das deshalb hier hingewiesen werden soll. Es kann nämlich auch bei fest gegebener Ausgangssituation mehrere Möglichkeiten geben, eine ebenfalls ganz bestimmte z-Situation nach der Instandhaltungsmaßnahme herzustellen. Das hier gemeinte Wahlproblem kann beispielsweise darin bestehen, zu entscheiden, ob der neue Zustand durch Einsetzen eines neuen Exemplars für gewisse Komponenten und Verschrotten der alten erreicht werden soll oder durch Überholung der alten Teile. Dieses Problem ist in den meisten Fällen allerdings wesentlich einfacher zu lösen als jenes andere, das hier als zentral angesehen wird, nämlich welcher Zustand hergestellt werden soll.

Jenes erste Wahlproblem, wie am kostengünstigsten ein Ausgangszustand $\lim_{t \uparrow \tau} z(t)$ in einen anderen Zustand $z(\tau)$ überzuführen sei, unterstellen wir hier als gelöst. Die Lösung hängt natürlich von den Preisen der bei den Alternativen zum Einsatz kommenden Güter und dem Wert des anfallenden Schrotts ab. Sind diese Preise in der Zeit variabel, dann kann es notwendig werden, die Zeit als Zustandsvariable einzuführen, um die nach den jeweils herrschenden Preisen kostenoptimalen Lösungen jenes ausgeschalteten Wahlproblems als verschiedene Maßnahmen unterscheiden zu können.

Im übrigen gibt es zwei verschiedene Möglichkeiten, den Güterbedarf und Schrottanfall diskreter Instandhaltungsaktionen darzustellen. Welche davon gewählt wird, hängt von der erstrebten Detaillierung des Modells im einzelnen Anwendungsfall ab. Die erste Möglichkeit besteht darin, die betroffenen Güterarten im einzelnen aufzuführen, also Arbeitsstunden, Werkzeug- und Geräteeinsatz, Ersatzteil- und Materialverbrauch usw. und als Produkte die anfallenden Schrotteile. Dies wird man tun, wenn man sich für die Inanspruchnahme innerbetrieblicher Instandhaltungskapazitäten interessiert.

Man kann aber auch den ganzen Komplex der betreffenden Güter zu einem einzigen Güterbündel mit einem bestimmten, u.U. zeitabhängigen Preis zusammenfassen. Dies wird man tun, wenn die Instandhaltungsaktion nicht innerbetrieblich produziert wird oder wenn man sich nur für die Kosten interessiert.

In beiden Fällen ist der Gütereinsatz einer diskreten Instandhaltungsmaßnahme, die in einem bestimmten Zeitpunkt stattfindet im Rahmen deterministischer Theorie als Funktion des Zustands $z(t)$ genau bestimmt. In der stochastischen Theorie ist er dagegen als Zufallsvariable, induziert durch die Zustandsvariablen x_t^u , anzusehen. Betrachtet man demgegenüber Steuerungen, die strategisch geplant sind, also Feedback-Steuerungen, so sind Güterbewegung und Kosten einer bestimmten Maßnahme auch im stochastischen Fall sichere Größen, nur ihr Eintreten wird ungewiß.

Nun seien noch einige interpretierende Anmerkungen gemacht zur Zustand-Steuerungs-Relation Φ und der entsprechenden Wahrscheinlichkeitsgesetze für den Fall des integrierten Produktionsprozesses der Potentialfaktor-Betriebsmittel-Nutzung und -Instandhaltung. Sie sollen sich insbesondere auf die Anwendbarkeit deterministischer bzw. stochastischer Strukturen der oben entwickelten Art auf den Abnutzungsprozeß beziehen. Unsere deterministische dynamische Produktionstheoriestruktur sieht diesen Prozeß als einen deterministischen, kontinuierlich fortschreitenden Prozeß. Sie kann daher nur angewendet werden auf kontinuierlich und beobachtbar vor sich gehende Verschleißprozesse, deren Verlauf durch Zustand und Inanspruchnahme innerhalb vernünftiger Fehlergrenzen genau vorausbestimmbar ist. Wichtig ist dabei, daß die produktive Eignung des betrachteten Aggregates ganz allmählich abnimmt und keine plötzlichen Sprünge macht. Als Anwendungsbeispiele kommen in erster Linie mechanische Abnutzungsvorgänge in Betracht. Als Indiz dafür, daß solche überhaupt vorkommen, kann man das Beispiel im Anhang A ansehen; weitere Beispiele findet man verschiedentlich in dem Buch von *Pressmar*, [Kosten- und Leistungsanalyse, 1971]. Liegt ein solcher Fall vor, so wird hier von deterministischem Verschleiß gesprochen. In der angelsächsischen Literatur ist hierfür der Ausdruck "deterioration" üblich [24].

Demgegenüber stehen im anderen Extrem Prozesse, bei denen die produktive Eignung durch Abnutzung nicht beeinträchtigt wird, bei denen aber das Aggregat oder Teile davon zufallsbedingt und plötzlich ausfallen. Sie werden in der Literatur als

24) Vgl. etwa *Dean*, [Replacement, 1961].

"equipment subject to failure" bezeichnet. Eine gewisse Zwischenstellung zwischen diesen beiden Extremen nehmen Prozesse zufallsabhängigen Verschleißes ein. Sie können als der allgemeine Fall angesehen werden, der die übrigen als Spezialfälle umfaßt. Im Rahmen unserer Theoriestrukturen können wir - formal gesehen - nur einen Spezialfall zufallsabhängigen Verschleißes betrachten, nämlich Abnutzungsvorgänge, die durch kontinuierliche Markoffprozesse in einem endlichen Zustandsraum beschrieben werden können. Für derartige Prozesse (meist jedoch in diskreter Zeit betrachtet) ist in der amerikanischen Literatur die Bezeichnung "Markovian Deterioration" eingeführt. Man kann jedoch zeigen, daß die Beschränkung auf solche Prozesse von der Sache her nicht sehr restriktiv ist, wenn man sich mit einer näherungsweisen Betrachtung zufriedengibt.

Interpretiert man die hier vorgeschlagene allgemeine produktionstheoretische Struktur als integrierten Produktionsprozeß der Nutzung und Instandhaltung von Potentialfaktor-Betriebsmitteln, so mag sich zeigen, daß sie eine Synthese ermöglicht zwischen der betriebswirtschaftlichen Produktionstheorie und der Instandhaltungstheorie, wie sie in neuerer Zeit vor allem im angelsächsischen Sprachraum entwickelt wurde. Für die betriebswirtschaftliche Produktionstheorie ist eine solche Synthese wünschenswert, denn ohne Instandhaltungsprobleme einzubeziehen, vermag sie den Einsatz an Potentialfaktor-Betriebsmitteln nicht befriedigend zu erfassen.

IV. DER FALL DETERMINISTISCHEN VERSCHLEISSES

1. Am Anfang dieses Kapitels sei die Theorie der Instandhaltung eines Potentialfaktor-Betriebsmittelaggregates betrachtet, das deterministischem Verschleiß unterliegt. Diese Theorie setzt an bei der Erweiterung des Ersatzproblems um Instandhaltungsmaßnahmen und ist bis heute ziemlich überschaubar geblieben. Ein erster Ansatz findet sich - wie bereits erwähnt - bei *Smith*, der Instandhaltungskosten bei seiner Behandlung des Ersatzproblems berücksichtigt. Er setzt die Hypothese, die Instandhaltungskosten (ohne Berücksichtigung der Erneuerung des ganzen Aggregats) seien eine Funktion der Aggregatlebensdauer, die man wählt. Diese Hypothese hat *Smith* allerdings nicht weiter untersucht.

Diese Hypothese muß zwar nicht bedeuten, daß die Instandhaltung, abgesehen von der Wahl der Lebensdauer, technisch determiniert angenommen wird, wohl aber wird das Problem der Wahl einer Instandhaltungspolitik für jede beliebige, feste Lebensdauer als eindeutig gelöst unterstellt.

Eine Produktions- und Kostentheorie muß aber behaupten, daß diese Wahl - vielleicht unter zusätzlichen Bedingungen - kostenminimal getroffen wird, falls für alle Instandhaltungsmaßnahmen Preise existieren. Will sie ihre Behauptung überprüfbar machen, so hat sie die Aufgabe, die kostenminimale Instandhaltung zu charakterisieren, Eigenschaften anzugeben, die kostenminimierendes Verhalten in der Realität erkennbar machen. Eine solche charakteristische Eigenschaft der kostenminimalen Instandhaltung hat *Marcel Boiteux* erstmals deutlich gemacht; ja er hat sogar die Konsequenzen für das praktische Wahlverhalten dargelegt, die aus dem Ziel der Kostenminimierung resultieren, wenn in der Praxis diese charakteristische Eigenschaft nicht erkannt wird, wenn also das Orientierungsschema der Praxis diese Eigenschaft noch nicht in sich aufgenommen hat [1].

Boiteux betrachtet das Problem der Stillegung unrentabler Lokalbahnlinien und ihres Ersatzes durch einen Kraftverkehr. An diesem Beispiel macht er Beziehungen deutlich zwischen dem geplanten Stillegungs- bzw. Ersatzzeitpunkt und der kostenminimalen Instandhaltung der Gleisanlagen bis dahin. Man müsse die reguläre Instandhaltung eine gewisse Zeitspanne vor der Stillegung einstellen und die Instandhaltung auf das technisch vertretbare Mindestmaß reduzieren. Denn eine Linie könne einige Jahre lang von den Instandhaltungsbemühungen der Vergangenheit zehren. *Boiteux* macht an derselben Stelle auch klar, daß andererseits der optimale Stillegungs- bzw. Ersatzzeitpunkt auch von der Instandhaltungspolitik abhängt, in dem er feststellt, daß solange man die reguläre Instandhaltung weiterbetreibe, es niemals lohnend erscheine, den Schienenverkehr stillzulegen und durch einen Kraftverkehr zu ersetzen, da der Schienenverkehr mit sehr geringen "variablen Kosten" weiterbetrieben werden könne.

Die Struktur des Instandhaltungsproblems stellt sich nun so dar: Zunächst ist für jeden möglichen Stillegungs- bzw. Ersatzzeitpunkt die kostenminimale Instandhaltungspolitik anzugeben (im Beispiel bestehend aus dem Zeitpunkt, an dem die reguläre Instandhaltung einzustellen ist) und dann ist unter Berücksichtigung dieser Kostenfunktion der optimale Stillegungs- bzw. Ersatzzeitpunkt aufzusuchen. Dieses Problem wird in der Literatur als das *Boiteux*-Problem [2] bezeichnet.

---

1) *Boiteux*, [Réflexions, 1955], zitiert nach *Massé*, [Choix, ^{2}1964], S. 46.

2) Bei *Näslund*, [Repair Policy, 1966], S. 65 und *Thompson*, [Maintenance Policy, 1968], S. 543 irrtümlich: "Boiteaux-Problem".

Die von *Boiteux* angegebene Eigenschaft der kostenminimalen Instandhaltungspolitik wird auch als *Boiteux*-Effekt bezeichnet [3]. Die deterministische Instandhaltungstheorie ist nichts anderes als die Theorie des *Boiteux*-Problems. Der *Boiteux*-Effekt ist der Grund dafür, daß die Hypothese von *Smith*, nach der die Instandhaltungskosten (ohne Ersatzbeschaffung des ganzen Aggregates) eine Funktion der Nutzungsdauer sind, nur in statischen Modellen Geltung beanspruchen kann, in denen die Steuerung für die ganze Betrachtungsperiode in einem definiert ist. In einem solchen Modell muß dann der *Boiteux*-Effekt bei der Spezifizierung der Reparaturkostenfunktion berücksichtigt werden.

Angeregt durch die Überlegungen von *Boiteux* hat *Massé* folgendes deterministische Instandhaltungsproblem [4] erörtert: Ein Aggregat soll am Ende seiner Nutzungsdauer t_1 ersatzlos stillgelegt werden. Zu jedem Zeitpunkt θ des Intervalls $[o, t_1]$ besteht die Möglichkeit, an dem Aggregat eine Modernisierung vorzunehmen; ohne Modernisierung erbringt der Betrieb des Aggregates im Zeitintervall $(t, t + dt)$ den Deckungsbeitrag $c(t)dt$. Die Funktion $c(\cdot)$ sei stetig. Wurde in θ eine Modernisierung vorgenommen, so ist der Deckungsbeitrag in jedem späteren Zeitpunkt $t \geq \theta$ um $q(\theta, t)dt$ höher. Die Funktion $q(\cdot,t)$ sei differenzierbar und monoton wachsend in θ. Die Modernisierung erfordert eine Ausgabe von W. Die Zeitpunkte t_1 und θ sollen nun so gewählt werden, daß der Kapitalwert

$$(4.1) \qquad C = \int_o^{t_1} c(t)\, e^{-\rho t}\, dt - We^{-\rho\theta} + \int_\theta^{t_1} q(\theta,t)\, e^{-\rho t}\, dt$$

maximal wird. (Man sieht ohne weiteres, daß hier ein Spezialfall einer deterministischen dynamischen Produktions- und Kostentheorie vorliegt.)

---

3) Vgl. *Massé*, [Choix, ²1964], S. 57.

4) *Massé*, [Choix, ²1964], S. 55 - 57.

Mithilfe der Differentialrechnung leitet *Massé* notwendige Bedingungen für die beiden Zeitpunkte her:

$$(4.2)\quad o = \frac{\partial C}{\partial \theta} = W\rho e^{-\rho\theta} - q(\theta,\theta)\ e^{-\rho\theta} + \int_{\theta}^{t_1} \frac{\partial q}{\partial \theta}(\theta,t)\ e^{-\rho t}\ dt$$

und

$$o = \frac{\partial C}{\partial t_1} = c(t_1)\ e^{-\rho t_1} + q(\theta,t_1)\ e^{-\rho t_1}\ .$$

Die erste Bedingung kann man so interpretieren: Die Zinsen auf die Modernisierungsausgaben müssen gerade gleich sein dem Verlust der entsteht, wenn man ein wenig später als im optimalen Modernisierungszeitpunkt θ modernisiert [5]. Ist das optimale θ kleiner oder gleich null, so wird sofort modernisiert, ist θ größer oder gleich dem optimalen Stillegungszeitpunkt t_1, so wird überhaupt nicht modernisiert. Die zweite Bedingung von (4.2) läßt sich wie folgt interpretieren: Der Grenzdeckungsbeitrag bezüglich der Stillegungszeit muß im Optimum null sein. Da in beiden Bedingungen θ und t_1 vorkommen, kann optimale Stillegung und optimale Instandhaltung nur simultan gefunden werden.
Näslund hat dieses Modell erweitert um einen zeitabhängigen Veräußerungserlös. Zahlreiche weitere Verallgemeinerungen sind möglich. Man könnte z.B. den Fall unendlich häufiger identischer Erneuerung einbeziehen oder Modernisierungsmöglichkeiten zu verschiedenen Zeitpunkten betrachten.

Der Ansatz von *Massé* betrachtet nur diskrete Instandhaltungsmaßnahmen. Einen entsprechenden Ansatz für kontinuierliche Instandhaltung hat *Näslund* entwickelt [6]. Er geht davon aus,

---

5) Genauere Interpretation bei *Näslund*, [Repair Policy, 1966], S. 66.

6) *Näslund*, [Repair Policy, 1966], S. 67 - 71.

daß die Instandhaltungsintensität unmittelbar als Instandhaltungsausgabenintensität gemessen werden kann. Die Instandhaltungspolitik wird sodann als stückweise stetige Funktion $u(\cdot)$ der Zeit dargestellt; $u(t)dt$ bezeichnet die Reparaturaufwendungen in $[t, t + dt]$. Die Instandhaltungsintensität ist beschränkt; es gilt für jedes t

$$(4.3) \qquad 0 \leq u(t) \leq \overline{\omega} \in \mathbb{R} .$$

Die Instandhaltung beeinflußt die Deckungsbeiträge der Aggregatnutzung und den Restverkaufserlös am Ende der Nutzungsdauer. Der Restverkaufserlös S ändert sich dabei in der Zeit nach Maßgabe von

$$(4.4) \qquad \dot{S} = g(u, S, t) .$$

Seine Änderungsrate ist also eine Funktion der momentanen Instandhaltungsintensität $u(t)$, des bereits erreichten Niveaus $S(t)$ und kann außerdem noch einem besonderen Einfluß der Zeit unterliegen. Der Deckungsbeitrag c richtet sich nach folgender Funktion

$$(4.5) \qquad c(t) = h(u(t), t) + z(t) .$$

Darin ist $z(t)$ als der kumulierte Effekt vergangener Instandhaltung im Zeitpunkt t zu interpretieren; es handelt sich also um eine Maßgröße für die z-Situation des Aggregates. Diese entwickelt sich gemäß

$$(4.6) \qquad \dot{z} = f(u, t) .$$

Das Problem ist nun, $u(\cdot)$ und t_1 so zu wählen, daß der Kapitalwert

$$(4.7) \qquad C = S(t_1)\, e^{-\rho t_1} + \int_0^{t_1} (c(t) - u(t))\, e^{-\rho t}\, dt$$

maximal wird. Auch der Ansatz von *Näslund* kann ohne weiteres als Spezialfall einer deterministischen dynamischen Produktions- und Kostentheorie aufgefaßt werden, wie sie in Kapitel III allgemein beschrieben wurde. Als Steuergröße tritt hier die Instandhaltungsintensität $u(t)$ auf, Zustandsvariable sind die kumulierte Instandhaltungswirkung z, der Veräußerungswert S der Maschine und die Zeit t selbst. Die Zustands-Steuerungs-Relation Φ wird also durch das Differentialgleichungssystem

$$(4.8) \qquad \begin{aligned} \dot{z} &= f(u, \theta) \\ \dot{S} &= g(u, S, \theta) \\ \dot{\theta} &= 1 \end{aligned}$$

mit bestimmten Anfangsbedingungen festgelegt. Die Produktion wird unmittelbar in Geld gemessen und durch (4.5) und den Verkaufserlös $S(t_1)$ beschrieben in Abhängigkeit von Zustand und Steuerung. Damit liegt auch die Relation Ψ fest. Der Übergang zur Kostenfunktion (4.7) bereitet dann keine Schwierigkeiten mehr.

Für die Ermittlung der optimalen Politik $(u(\cdot), t_1)$ schlägt *Näslund* die Verwendung des Maximumprinzips von *Pontrjagin* vor [7]. Es handelt sich um ein Steuerungsproblem mit freiem Endzustand. Die in (B.1) auftretende Funktion f_o hat hier die

7) Siehe hierzu unten Anhang B.

Gestalt:

$$(4.9)\quad f_o = \frac{dC}{dt_1} = -\dot{S}\, e^{-\rho t} + \rho\, S\, e^{-\rho t} - (c(t) - u(t))\, e^{-\rho t}$$

$$= e^{-\rho t}\, (-g(u,S,t) + \rho\, S - h(u,t) - z + u)\big|_{t=t_1}$$

Die Hamiltonfunktion hat damit folgendes Aussehen:

$$(4.1o)\quad H(\psi^1, \psi^2, \psi^3, z, S, t, u) =$$

$$- f_o(z,S,t,u) + \psi^1\, f(u,t) + \psi^2\, g(u,S,t) + \psi^3$$

und das System (B.4) wird zu

$$(4.11)\quad \begin{cases} \dot{\psi}^1 = - e^{-\rho t} \\ \dot{\psi}^2 = -\frac{\partial g}{\partial S} + \rho\, e^{-\rho t} - \psi^2 \frac{\partial g}{\partial S} \\ \dot{\psi}^3 = \frac{\partial f_o}{\partial t} - \psi^1 \frac{\partial f}{\partial t} - \psi^2 \frac{\partial g}{\partial t}\,. \end{cases}$$

Die Transversalitätsbedingung liefert die Randbedingungen

$$(4.12)\quad \psi^1(t_1) = \psi^2(t_1) = \psi^3(t_1) = 0.$$

Die Lösung von (4.11) für ψ^1 läßt sich sofort angeben, sie ist:

$$(4.13)\quad \psi^1(t) = \frac{1}{\rho}\,(e^{-\rho t} - e^{-\rho t_1}).$$

Für ψ^2 betrachtet *Näslund* den Spezialfall, daß g nicht von S abhängt. Dann ergibt sich

$$(4.14)\quad \psi^2(t) = e^{-\rho t_1} - e^{-\rho t}\ .$$

Nach dem Maximumprinzip ist nun notwendige Bedingung für ein Optimum, daß für jedes t die Hamiltonfunktion als Funktion der Steuervariablen ω für $\omega = u(t)$ ihr Maximum annimmt. Ist dies ein inneres Maximum, so muß gelten

$$(4.15)\quad 0 = \frac{\partial H}{\partial u} = e^{-\rho t}\,(\frac{\partial h}{\partial u} - 1)$$

$$+ \frac{1}{\rho}\,(e^{-\rho t} - e^{-\rho t_1})\,\frac{\partial f}{\partial u}$$

$$+ \ e^{-\rho t_1}\,\frac{\partial g}{\partial u}\ .$$

Näslund gibt dieser Bedingung die folgende ökonomische Interpretation: Der erste Summand der rechten Seite von (4.15) gibt die Wirkung der Instandhaltung auf den Deckungsbeitrag wieder und auf die Instandhaltungsauslagen selbst, beides zu ihrem Gegenwartswert im Zeitpunkt O. Der zweite Summand repräsentiert den Wert einer Zustandsverbesserung infolge intensiverer Instandhaltung, bewertet mit dem Preis ψ^1, man könnte sagen dem prix d'usage der optimalen Instandhaltungspolitik. Der dritte Summand ist die Auswirkung auf den Restverkaufserlös, der ja erst in t_1 anfällt und daher entsprechend abgezinst wird. (4.15) bedeutet somit ökonomisch, daß eine Erhöhung der Instandhaltungsausgaben aufgewogen werden muß durch ihren Nutzen, d.i. einmal der sofortige Nutzen, der in h zum Ausdruck kommt, zum anderen der langfristige Nutzen, der in der entsprechend bewerteten Zustandsänderung erfaßt wird und zum dritten durch die Erhöhung des Restverkaufserlöses, entsprechend abgezinst.

Zusammen mit der Lösung der dritten Gleichung des Systems (4.11) legt (4.15) simultan die optimale Reparaturpolitik und das optimale Stillegungsdatum fest, wenn man annehmen kann, daß ein eindeutiges Optimum existiert und diese beiden Relationen eine eindeutige Lösung liefern. *Näslund* benutzt statt dieser dritten Gleichung des Systems (4.11) unmittelbar die Bedingung

$$(4.16) \quad \frac{\partial C}{\partial t_1} = 0 \, ,$$

was in der Regel einfacher ist. Er weist im übrigen darauf hin, daß sein Ansatz ohne weiteres auf die Kette der ad infinitum identisch wiederholten Erneuerung des Aggregates ausdehnen läßt, indem man statt der Funktion C gemäß (4.7) die Funktion

$$(4.17) \quad C_\infty = \frac{S\,e^{-\rho t_1} + \int_0^{t_1} (c(t)-u(t))e^{-\rho t}dt - W}{1 - e^{-\rho t_1}}$$

maximiert. Darin bezeichnet W den Anschaffungswert des Aggregates.

Außerdem sei noch bemerkt, daß die Zeitabhängigkeit der Funktionen f, g und h es erlaubt, technische Obsoleszenz des Aggregates zu erfassen [8], worauf hier im Augenblick nicht näher eingegangen werden soll.

Der Ansatz von *Näslund* wurde von *Gerard L. Thompson* aufgegriffen [9]. Dieser Autor kommt für ein etwas einfacheres Problem zu qualitativen Aussagen über die optimale Instandhaltungspolitik. Die Vereinfachung gegenüber *Näslunds* Problem besteht hauptsächlich darin, daß der Restverkaufserlös die Aufgabe mitübernimmt, die z-Situation zu messen, wodurch (4.6) und auch die entsprechende adjungierte Variable ψ^1 wegfällt. *Thompsons* Problem hat folgende Struktur: Die Zielfunktion (4.7) bleibt unverändert, lediglich wird die Definition des Deckungsbeitrags c(t) nach (4.5) verändert zu

$$(4.18) \quad c(t) = p(t)\ S(t)\ .$$

Die Funktion g, die bei *Näslund* die Entwicklung des Restverkaufserlöses bestimmt, wird spezialisiert zu

$$(4.19) \quad \dot{S}(t) = -g_1(t) + g_2(t)\ u(t)$$

Darin interpretiert man $g_1(t)$ als Verschleißrate ("obsolescence function") und $g_2(t)$ als Wirkungsgrad der Instandhaltung jeweils als Funktion der Zeit t; g_1 ist nichtfallend, g_2 ist nichtwachsend und außerdem postuliert *Thompson* die

---

8) Siehe hierzu etwa: *Massé*, [Choix, ²1964], S. 62 - 64.
9) *Thompson*, [Maintenance, 1968].

folgende Monotonieeigenschaft:
Die durch

$$(4.2o)\quad \overline{S}(t) = \int_{o}^{t}(-g_1(\tau) + \overline{\omega}\, g_2(\tau))\, d\tau$$

definierte Funktion $\overline{S}$ ist monoton nichtwachsend. Das bedeutet, durch Instandhaltung kann der Restverkaufserlös nicht über ein einmal erreichtes niedriges Niveau angehoben werden. Auch intensivste kontinuierliche Instandhaltung kann den Verschleiß höchstens verlangsamen, nicht aber vergangenen Verschleiß wiedergutmachen. Dieses Postulat stellt *Thompson* "in the interests of realism" [1o)] auf, womit klar ist, daß er sich nur auf laufende Instandhaltungsmaßnahmen, wie Schmierung, Nachstellen usw. bezieht, nicht jedoch auf werterhöhende Reparaturen wie *Massé*. Solche gehören typischerweise zu den diskreten Instandhaltungsmaßnahmen. Wenn wir im folgenden auf dieses Postulat bezugnehmen, wollen wir es als "*Thompson*-Hypothese" bezeichnen. Ihm kommt auch für unsere Untersuchungen eine zentrale Bedeutung zu, wenn auch in etwas anderer Form.

Thompson untersucht nun sein Problem zunächst unter der zusätzlichen Annahme, daß die "Produktionsrate" $p(\cdot)$ konstant ist. Für diesen Spezialfall ergibt sich statt der Funktion (4.9) für f_o

$$(4.21)\quad f_o = e^{-\rho t}(g_1 - g_2 u + pS + u).$$

1o) *Thompson*, [Maintenance, 1968], S. 544.

Die Hamiltonfunktion erhält die Gestalt

(4.22) $H(\psi^2, \psi^3, S, t, u) =$

$$= -f_o(S,t,u) + \psi^2(-g_1 + g_2\, u) + \psi^3$$

und anstelle des Systems (4.11) tritt

(4.23) $$\begin{cases} \dot{\psi}^2 = (\rho - p)\, e^{-\rho t} \\ \dot{\psi}^3 = -\rho e^{-\rho t}\, f_o\, . \end{cases}$$

Die Lösung von (4.23) für ψ^2 ist

(4.24) $$\psi^2(t) = -\frac{\rho - p}{\rho}\,(e^{-\rho t} - e^{-\rho t_1})$$

(4.24) ist so etwas wie eine Kombination von (4.13) und (4.14), da nun S die Aufgaben von z mitzuübernehmen hat. In der Ableitung der Zielfunktion f_o nach S tritt aber nun p auf während bei *Näslund* z direkt den Zielfunktionsbeitrag ergab. Die Hamiltonfunktion nimmt nun bezüglich ω ihr Maximum genau dann an, wenn

(4.25) $$(g_2\, \omega - \omega)\, e^{-\rho t} + \frac{p - \rho}{\rho}\,(e^{-\rho t} - e^{-\rho t_1})\, g_2\, \omega =$$

$$= g_2\, \omega\, (e^{-\rho t_1} + \frac{p}{\rho}\,(e^{-\rho t} - e^{-\rho t_1})) - \omega e^{-\rho t}$$

bezüglich ω maximal wird. Ist also

$$(4.26) \quad g_2(t) > 1/\left(1 + \frac{p}{\rho}\left(e^{\rho(t_1 - t)} - 1\right)\right)$$

erfüllt, so muß $u(t) = \bar{\omega}$ gewählt werden und ist

$$(4.27) \quad g_2(t) < 1/\left(1 + \frac{p}{\rho}\left(e^{\rho(t_1 - t)} - 1\right)\right)$$

erfüllt, so muß $u(t) = 0$ gewählt werden. Da g_2 nichtwachsend angenommen wurde, die rechte Seite der Ungleichungen (4.26) und (4.27) aber monoton gegen eins wächst, existiert höchstens ein Umschaltzeitpunkt, vor dem möglichst intensiv und nach dem nur noch die notwendigste Instandhaltung betrieben wird. Es existiert genau ein solcher Umschaltzeitpunkt wenn nicht $g_2(\cdot) \geq 1$ und nicht schon für $t = 0$ (4.27) erfüllt ist. Den Ausdruck (4.25) in Form der zweiten Zeile kann man ökonomisch interpretieren und erhält daraus einen Grundsatz deterministischer Instandhaltungspolitik; $g_2\ \omega e^{-\rho t_1}$ bedeutet die Erhöhung des Wiederverkaufswertes durch eine Instandhaltungsmaßnahme in t mit dem Aufwand ω, natürlich anfallend erst in t_1, daher entsprechend abgezinst;
$g_2\ \omega\ \frac{p}{\rho}\ (e^{-\rho t} - e^{-\rho t_1})$ ist der Barwert einer Rente, gezahlt kontinuierlich in der Zeit zwischen t und t_1 mit der Intensität $g_2\ \omega\ p$; dieser Ausdruck verkörpert den Nutzen der Instandhaltungsmaßnahme, der über die Produktion wiedereingespielt wird; $\omega e^{-\rho t}$ sind die Kosten der Maßnahme. Der Grundsatz optimaler deterministischer Instandhaltungspolitik lautet folglich: Instandhaltungsaufwendungen sind nur dann lohnend, wenn sie durch die Erhöhung des Wiederverkaufserlöses, den sie hervorrufen, und durch den produktiven Nutzen, den

sie bis zum Ende der Aggregatnutzungsdauer stiften, mindestens aufgewogen werden [11]. In dem realistischen Fall, daß die hervorgerufene Erhöhung des Wiederverkaufserlöses am Ende der Nutzungsdauer nicht allein schon den Aufwand aufwiegt, also dann wenn $g_2(t)\ e^{-\rho(t_1 - t)} < 1$ gilt, ergibt sich weiterhin, daß es einen Zeitpunkt gibt von dem ab die Produktivitätswirkung der Instandhaltung nicht mehr lange genug genutzt werden kann, um die Aufwendungen wieder einzuspielen. Das bereits von *Boiteux* verdeutlichte Charakteristikum deterministischer kostenoptimaler Instandhaltungspolitik ist hierin unschwer wiederzuerkennen.

Thompson beschäftigt sich sodann ziemlich ausführlich mit dem Problem der Bestimmung des optimalen t_1, worauf hier jedoch nicht näher eingegangen sei. Zum Schluß bringt er außerdem noch eine interessante Erweiterung, nämlich für den Fall nichtkonstanter "Produktionsrate" $p(\cdot)$; hierbei wird p als feste Zeitfunktion vorgegeben. Schwierigkeiten treten zusätzlich nur bei der Lösung von (4.23) für ψ^2 auf; (ψ^3 wird nicht benötigt). Die Lösung gelingt mithilfe eines Faltungsoperators. Auch dies verfolgen wir hier nicht weiter.

Das Modell von *Thompson* wurde modifiziert und weitergeführt in einer kurzen Note von *Arora* und *Lele* [12]. Diese Autoren ersetzen die Funktion g_1 in (4.19) durch einen von S abhängigen Ausdruck. An die Stelle von (4.19) tritt nun

$$(4.28)\quad \dot{S}(t) = -g_{11}(t) - g_{12}(t)\ S(t) + g_2(t)\ u(t)\ .$$

---

11) Die hier gegebene Formulierung und ökonomische Erläuterung der Ergebnisse von *Thompson* weicht von der durch ihn selbst gegebenen ab. Insbesondere arbeitet *Thompson* selbst nicht jene beiden Komponenten des Instandhaltungsnutzens: Erhöhung des Wiederverkaufswertes und produktiver Nutzen heraus.

12) *Arora - Lele*, [Note, 197o].

Dieser Ausdruck kommt dem ursprünglichen Ansatz von *Näslund* wieder näher, der eine Abhängigkeit der Funktion g von S vorsah, was aber dann auch von *Näslund* insofern nicht durchgeführt wurde, als er seine eigentlichen Betrachtungen auf den Spezialfall beschränkt, daß g von S unabhängig ist. Die Funktion g_{11} soll dabei der Obsoleszenz infolge technischen Fortschritts Rechnung tragen und ist daher unabhängig vom Zustand des Aggregates. Die "Abschreibungsrate" (depreciation rate) $g_{12}(t)\ S(t)$ dagegen soll dem technischen Verschleiß Rechnung tragen und die Abnahme der Leistungsfähigkeit bei dem Aggregat zum Ausdruck bringen.
Infolge der Modifikation gegenüber dem Modell von *Thompson* tritt nun an die Stelle von (4.21)

$$(4.29)\quad f_o = e^{-\rho\theta}(g_{11} + g_{12}\,S - g_2\,u + \rho\,S - p\,S + u),$$

die Hamiltonfunktion wird zu

$$(4.3o)\quad H = -f_o(S,\theta,u) + \psi^2(-g_{11} - g_{12}\,S + g_2\,u) + \psi^3$$

und die Differentialgleichung für die zu S adjungierte Funktion ψ^2 wird zu

$$(4.31)\quad \dot{\psi}^2 = e^{-\rho t}(g_{12} + \rho - p) + \psi^2\,g_{12}\,.$$

Die Lösung von (4.31) unter Beachtung von $\psi^2(t_1) = 0$ ist

$$(4.32)\quad \psi^2(t) = - e^{G(t)} \int_t^{t_1} (g_{12}(\tau) + \rho - p(\tau))\, e^{-\rho\tau - G(\tau)} d\tau$$

$$\text{mit}\quad G(t) = \int_0^t g_{12}(\tau)\, d\tau \,.$$

Maximierung der Hamiltonfunktion bezüglich ω bedeutet nun Maximierung von

$$(4.33)\quad g_2\, \omega\, (e^{-\rho t} + \psi^2(t)) - \omega e^{-\rho t} \,.$$

Ist demnach

$$(4.34)\quad g_2(t)\, (1 + \psi^2(t)\, e^{\rho t}) > 1 \,,$$

so ist $u(t) = \overline{\omega}$ optimal, ist aber

$$(4.35)\quad g_2(t)\, (1 + \psi^2(t)\, e^{\rho t}) < 1 \,,$$

so ist $u(t) = 0$ optimal.
Für den Fall, daß g_{12} und p konstante Funktionen sind, werden diese Regeln mithilfe graphischer Darstellungen veranschaulicht. (4.32) vereinfacht sich dann zu

$$(4.36)\quad \psi^2(t) = -e^{g_{12}t}\,\frac{g_{12} + \rho - p}{\rho + g_{12}}\cdot\left(e^{-(\rho + g_{12})t} - e^{-(\rho + g_{12})t_1}\right)$$

$$= \frac{p - g_{12} - \rho}{g_{12} + \rho}\, e^{-\rho t}\left(1 - e^{-(\rho + g_{12})(t_1 - t)}\right)$$

falls $g_{12} \neq -\rho$ [13]. Setzt man nun $\rho' := g_{12} + \rho$ (man sieht, daß sich g_{12} genau wie eine Verzinsung auswirkt), so vereinfachen sich die Regeln (4.34) und (4.35) zu

$$(4.37)\quad g_2(t)\,(1 + \frac{p}{\rho'}(e^{\rho(t_1 - t)} - 1)\ \left\{\begin{matrix} > \\ \text{bzw.} \\ < \end{matrix}\right\}\ 1$$

und entsprechen somit den Regeln (4.26) und (4.27) des *Thompson*-Modells ganz genau. (Zu bemerken ist, daß der Faktor bei g_2 in (4.37) bzw. der Nenner auf der rechten Seite von (4.26) und (4.27) positiv sein muß, wie man sich leicht klarmacht.)

---

13) *Arora* und *Lele* beziehen den Fall ein, daß $g_{12} < 0$. Dann ist die Anlage "of the appreciating type", d.h. sie wird mit der Nutzung fortlaufend besser und auch ihr Wiederverkaufswert nimmt zu. Diesen Fall betrachten wir hier nicht, so daß $g_{12} \neq -\rho$ sowieso erfüllt ist.

Im übrigen schließen sich *Arora* und *Lele* nicht der *Thompson*'schen Annahme an, g_2 sei monoton nichtwachsend und sie schließen auch $p < \rho'$ nicht aus, was ökonomisch bedeutet, daß es sich nicht um eine Produktionsanlage handelt, sondern um ein Produkt, beispielsweise das Objekt eines Reifungsprozesses. Denn nur dann kann die Grenzkostenfunktion (bezüglich der Zeit) f_o negativ, bzw. die Grenzgewinnfunktion $-f_o$ positiv werden, wie man aus (4.29) sofort ersieht. Unter diesen Annahmen zeigen sie, daß auch optimale Instandhaltungspolitiken denkbar sind, die bis unmittelbar vor dem Verkauf maximale Instandhaltungsintensität vorschreiben, was im Widerspruch zu der *Boiteux*-Eigenschaft stehen würde. Man kann jedoch zeigen, daß für Produktionsanlagen ($p > \rho'$) und falls $g_2(\cdot) \leq \bar{g} < 1$ gilt, was wohl als realistisch anzusehen ist, ein Intervall (t', t_1) existiert, für das in (4.37) das < - Zeichen gilt, so daß letztlich formal die *Boiteux*-Eigenschaft unangefochten bleibt. Betrachtet man aber in diesem Zusammenhang das Lokalbahn-Beispiel, an dem *Boiteux* auf seinen "Effekt" gestoßen ist, so zeigt sich an dem Modell von *Thompson* und auch der Modifikation durch *Arora* und *Lele*, daß in der Realität der Wiederverkaufswert des Aggregates bei Stillegung in seiner Entwicklung über die Zeit hin nicht den Zustand des Aggregates bezüglich seiner Leistungsfähigkeit zu produktiven Zwecken widerzuspiegeln vermag. Für den Fall eines festen Schrotterlöses ist dieser Mangel allerdings leicht zu heilen: Man braucht nur in (4.21) bzw. (4.29) den Summanden $- g_2\, \omega$ wegzulassen. Dann ergibt sich ein eindrucksvoller *Boiteux*-Effekt. Der Aufsatz von *Thompson* hat übrigens noch eine weitere Modifizierung des Ansatzes angeregt, bei der jedoch das Aggregat zufallsbedingt ausfällt, was nicht in dieses Kapitel gehört [14].

---

14) *Kamien - Schwartz*, [Maintenance, 1971].

2. Potentialfaktor-Betriebsmittel, die deterministischem Verschleiß unterliegen, sind dadurch gekennzeichnet, daß ihre produktive Leistungsfähigkeit mit der Zeit und der Inanspruchnahme kontinuierlich abnehmen und zwar so, daß der Prozeß der Abnahme selbst empirisch kontrollierbar ist und durch meßbare Einflüsse von Inanspruchnahme und Instandhaltung innerhalb enger Fehlergrenzen genau erklärt werden kann. Für derartige Potentialfaktor-Betriebsmittel ist die zeitliche Entwicklung der z-Situation und ist der integrierte Produktionsprozeß ihrer Nutzung und Instandhaltung ein deterministischer Prozeß, wenn man die geforderten Produktionsleistungen ebenfalls deterministisch vorgibt. Für diesen Fall sollen im vorliegenden Kapitel IV einige Untersuchungen angestellt werden, insbesondere zum Input-Messungsproblem und zu für diesen Fall charakteristischen Substitutionsmechanismen. Zunächst soll hier nach allgemeinen technischen Gesetzmäßigkeiten gefragt werden, denen jener integrierte Produktionsprozeß unterliegt.

Gesucht ist eine Erklärung des integrierten Produktionsprozesses von der Form einer deterministischen dynamischen Produktionstheorie in kontinuierlicher Zeit und somit nach Gesetzmäßigkeiten, durch die Steuerung, Zustandsentwicklung und Produktion miteinander verbunden sind. Dabei sind die Steuerungsvariablen als Inanspruchnahme- und Instandhaltungsparameter interpretiert, die Zustandsvariablen in erster Linie als die z-Situation des involvierten Potentialfaktor-Betriebsmittel-Aggregates und die Gütervariablen als die Mengen an eingesetzten Produktionsfaktoren einschließlich der Instandhaltungsgüter und -leistungen sowie die Ausbringungsmengen der Produkte.

Soll eine Erklärung des integrierten Produktionsprozesses von der Form einer deterministischen dynamischen Produktionstheorie in kontinuierlicher Zeit angestrebt werden, so sind folgende Gesetzmäßigkeiten erforderlich:

Erstens: Für jeden beliebigen Zeitpunkt muß die momentane Änderung der z-Situation in Richtung und Geschwindigkeit gesetzmäßig bestimmt sein durch die momentane z-Situation, die momentane Inanspruchnahme und die momentane Instandhaltung. Diese Gesetzmäßigkeit bestimmt die Abbildung Φ im Sinne des Kapitels III.

Zweitens: Man benötigt ein Gesetz, welches für jeden beliebigen Zeitpunkt die momentane Verbrauchsgeschwindigkeit jeder Verbrauchsfaktorart und die momentane Ausbringungsgeschwindigkeit jeder Produktart eindeutig als Funktion des momentanen Zustandes und der momentanen Inanspruchnahme des Aggregats darzustellen ermöglicht. Diese Gesetzmäßigkeit ist eine der beiden erforderlichen Grundlagen für die Abbildung Ψ im Sinne des Kapitels III. Inanspruchnahme und Zustand müssen wenigstens mittelbar empirisch feststellbar sein, damit die Gesetzmäßigkeit empirisch überprüfbar ist. Anders gesagt müssen Zustandsvariable und Inanspruchnahmeparameter als Argumentvariable empirisch überprüfbarer Momentanverbrauchsfunktionen für alle Verbrauchsfaktoren und Momentanleistungsfunktionen für alle Produktarten hinreichen.

Drittens: Man benötigt ein Gesetz, das in jedem Zeitpunkt für jede dann mögliche Instandhaltungsaktion, also jede momentane Instandhaltungsparameterkonstellation eine Verbrauchsgeschwindigkeit oder eine endliche Einsatzmenge für jede Art von Instandhaltungsgütern und -leistungen eindeutig festlegt. Endliche Einsatzmengen können dabei natürlich nur in diskreten Zeitpunkten positiv sein. Dieses Gesetz ist die zweite der erforderlichen Grundlagen der Abbildung Ψ. Sie erfaßt die Wirkung der Instandhaltung im Güterraum. Charakteristisch für das hier vorgeschlagene Konzept des integrierten Produktionsprozesses der Nutzung und Instandhaltung eines Betriebsmittel-Aggregates ist, daß durch die Instandhaltung nicht ein bestimmter erforderlicher Output etwa eines fiktiven Gutes "Leistungspotential" produziert wird, welches dann im Prozeß der laufenden Produktion wieder verzehrt würde, daß vielmehr die Instandhaltung dazu dient, einen für die laufende Produktion günstigen Zustand aufrechtzuerhalten. Die Frage nach dem "Preis" des "Gutes" "Leistungspotential", die in der betriebswirtschaftlichen Produktions- und Kostentheorie so große Schwierigkeiten gemacht hat, tritt hier also gar nicht auf. —

Nun soll auf das Problem der Messung des Zustandes, insbesondere der z-Situation von Potentialfaktor-Betriebsmittel-Aggregaten eingegangen werden, die deterministischem Verschleiß unterliegen. Wie gesagt bedeutet hier Verschleiß Minderung der produktiven Leistungsfähigkeit. Dies kann nun aber auf zwei verschiedene Arten interpretiert werden und je nachdem werden die Maßgrößen verschieden sein.

Nach einer ersten Interpretation bedeutet Abnahme der produktiven Leistungsfähigkeit, daß die Wirkungsgrade des Aggregates hinsichtlich verschiedener Anforderungen, die seine Spezifikation [15] stellt, allmählich abnehmen. Das kann sich in einem Mehrverbrauch an Verbrauchsfaktoren je Produkteinheit, durch Zunahme der Ausschußquote oder durch Qualitätsverschlechterung der Produkte äußern. (Letzteres bleibt hier - was die Produktion anbetrifft, also die gütermäßige Seite - unbeachtet, indem die Annahme zugrundeliegt, daß die Produkte bestimmten Anforderungen genügen müssen, um überhaupt als Güter aufgefaßt zu werden. Alles was

15) Hierzu etwa: *Nixon*, [Quality, 1971], S. 72 - 87.

diese Bedingungen erfüllt, wird als qualitativ gleich aufgefaßt.) Die erste Interpretation faßt also Leistungsfähigkeit als eine momentane Eigenschaft auf. Beispiele, bei denen Verschleiß in dieser Weise zu interpretieren ist, sind etwa Werkzeuge bei spanender Verformung wie das Sägeblatt im Anhang A, vielleicht auch Automobilmotoren, wenn es gelingt, deren Verschleißursachen in hinreichendem Umfang aufzudecken oder Filter, Katalysatoren, Öl- und Fettfüllungen, hochbeanspruchte Federn (die ermüden), Dichtungen und Ventile für Gase und vieles andere. Unterliegt ein Potentialfaktor-Betriebsmittel dem Verschleiß in dieser Interpretation, dann weist es kein festes Nutzungspotential auf, nach dem sich bestimmen ließe, wann es zu erneuern ist. Diese Frage kann vielmehr nur aus einer zusammenhängenden Betrachtung des integrierten Produktionsprozesses beantwortet werden.

Die zweite Interpretation des Verschleißes bezieht sich auf den Fall, daß die momentane Leistungsfähigkeit vom Verschleiß unberührt bleibt bis zur vollständigen Abnutzung. Dies ist der Fall, in dem man dem Betriebsmittel ein bestimmtes Nutzungspotential zuordnen kann, für den also das Konzept der Potentialverbrauchsfunktion seine Berechtigung hat. Als Beispiele kann man anführen etwa Kupplungen, Bremsbeläge, Reifen und im übrigen alle Betriebsmittel, deren momentane Leistungsfähigkeit sich verschlechtert, bei denen diese Verschlechterung aber keine Rolle spielt, solange sie sich innerhalb bestimmter Grenzen hält und eine Erneuerung notwendig wird, sobald diese Grenzen überschritten werden. Die Verschlechterung spielt dann keine Rolle, wenn sie weder den Prozeß der Zustandsänderung, also die Abbildung Φ, noch die Produktion, also die Abbildung Ψ merklich beeinflußt. Auch solche Betriebsmittel-Aggregate, die eigentlich gar nicht deterministisch verschleißen, an die aber hohe Zuverlässigkeitsanforderungen gestellt werden, von denen her eine Erneuerung oder Überholung nach einer bestimmten kumulativen Inanspruchnahme erforderlich ist, gehören hierher. Beispiele sind Flugmotoren, Dampfkessel, verschiedene Automobilteile, für die der TÜV sich interessiert, Eisenbahngleise, Schmelzofenausmauerungen und ähnliches.

Es sind auch Fälle denkbar, in denen an einer und derselben Komponente eines Potentialfaktor-Betriebsmittel-Aggregates gleichzeitig Verschleiß im Sinne beider Interpretationen auftritt, insbesondere dann, wenn zwar für die Erneuerung Toleranzgrenzen bestimmend sein können, etwa bestimmte Zuverlässigkeitsanforderungen, die Wirkung der Leistungsfähigkeitsminderung auf die Relationen Φ bzw. Ψ aber nicht vernachlässigt werden kann.

Jedes Potentialfaktor-Betriebsmittel-Aggregat kann man nun, sofern es deterministischem Verschleiß unterliegt, als System aus Komponenten auffassen, die entweder nach der ersten oder nach der zweiten Interpretation verschleißen oder bei denen keine der beiden Interpretationen ausgeschlossen werden kann.

Befassen wir uns zunächst mit Verschleißvorgängen nach der ersten Interpretation und betrachten wir den Momentanverbrauch oder die Momentanausbringung $\eta(z(t), u_1(t))^j$ einer bestimmten Güterart j wie in (3.2o)!

Bezüglich der Steuerung $u_1(\cdot)$ sei angemerkt, daß diese die kontinuierlichen Inanspruchnahmeintensitäten des Aggregates und die Intensitäten der kontinuierlichen Instandhaltung zum Ausdruck bringen soll. Der Vektor $u_1(t)$ für ein t enthält also z.B. das für t definierte Verhältnis von Arbeitszeit und Kalenderzeit, den Anteil der Rüst- und Anlaufzeiten an der Arbeitszeit, die Arbeitsgeschwindigkeit usw. und Intensitäten, die die Häufigkeit von Ölwechseln, Auswechseln von Teilen mit kurzer Standzeit, Nachstell- und Überwachungsvorgänge usw. wiedergeben, nicht aber solche Instandhaltungsmaßnahmen, die keinen turnusmäßigen Charakter haben, wie größere Reparaturen, Teilerneuerungen von Elementen mit langer Standzeit, Überholungen, die den Zustand des Aggregates in einem Zeitpunkt um ein endliches Stück im Zustandsraum verschieben.

Man könnte zum Zwecke der Messung von z-Variablen nun ausgehen von technischen Maßgrößen, die einer Änderung durch den Verschleiß unterliegen und versuchen, die Momentanleistungs- und -verbrauchsfunktionen unmittelbar als Funktionen solcher technischer Maßgrößen anzugeben. (Als Beispiel derartiger Größen seien Reibungskoeffizient, Axialspiel, Radialspiel, Schlag und Geräusch eines Kugellagers genannt. Wahrscheinlich reichen diese Größen noch nicht aus, um den Verschleißzustand eines Kugellagers so zu beschreiben, daß nicht nur die Momentanleistungs- und -verbrauchsfunktionen in Abhängigkeit allein von diesen Größen angegeben werden können, sondern auch die Gesetze des Verschleißprozesses.) Aus Gründen ökonomischer Interpretierbarkeit und theoretischer Übersichtlichkeit wählen wir hier jedoch einen anderen Ansatz.

Wir wollen im folgenden die z-Situation als Vektor von Leistungsfähigkeitsmerkmalen ansehen, denen unmittelbar ökonomische Bedeutung zukommt. Das können - einer Idee von *Albach*[16)] folgend - Trendfaktoren in den Momentanverbrauchsfunktionen sein, aber auch solche in Momentanleistungsfunktionen, sofern sich für deren Entwicklung eine Gesetzmäßigkeit angeben läßt, die ihre momentane Änderung als Funktion des momentanen Zustandes und der momentanen Inanspruchnahme- und Instandhaltungsintensitäten erklärt. In der Regel wird man mit derartigen Trendfaktoren allein jedoch nicht auskommen. Andere

---

16) *Albach*, [Produktionstheorie, 1962], S. 191.

Merkmale wie kumulierte Inanspruchnahme korrigiert um Instandhaltungseinflüsse oder globale technische Leistungsmerkmale, wie die noch verfügbare Maximalleistung eines Motors, die noch verbliebene Kapazität eines Akkumulators, die Ausschußquote einer Bearbeitungsmaschine für eine normierte Bezugsinanspruchnahme bei normierter Instandhaltung. In diesem Zusammenhang werden ähnliche Probleme sichtbar, wie sie von *Heinen* diskutiert worden sind für den Übergang von technischen zu ökonomischen Verbrauchsfunktionen[17], zu denen hier jedoch allgemein nur sehr wenig gültiges ausgesagt werden könnte.

Jedenfalls sollen die z-Variablen so gemessen werden, daß ein größerer z-Wert bessere Leistungsfähigkeit bedeutet. Für die Momentanleistungs- bzw. -verbrauchsfunktionen bedeutet dies:

$$(4.38)\qquad \frac{\partial n^j}{\partial z^i} \begin{cases} \geq 0 & \text{für alle } j \in J \\ \leq 0 & \text{für alle } j \notin J \end{cases}$$

jeweils für alle i.

(J bezeichnet die Indexmenge der Produktarten.)

Bei fester Intensität der Inanspruchnahme und Instandhaltung soll größeres z^i niemals kleinere Momentanausbringungsmengen bei irgendeinem Produkt und auch niemals größere Momentanverbrauchsmengen irgendeines Verbrauchsfaktors hervorrufen als kleineres z^i. Diese Annahme, daß ein sinkendes z^i (wenn die übrigen gleichbleiben) eine Verschlechterung "auf der ganzen Linie" bedeutet, erscheint nicht unrealistisch, denn es ist kaum einzusehen, warum Abnahme eines Leistungsfähigkeitsmerkmals infolge Verschleißes gegenüber dem Idealzustand einer Maschine auch Vorteile bringen sollte.

---

17) *Heinen*, [Kostenlehre ³1970], S. 247 ff.

Nun seien noch die Eigenschaften der Funktionen η^j bezüglich der Steuerung u_1 untersucht. Hierzu fassen wir die Komponenten des kontinuierlichen Steuerungsvektors u_1, die Inanspruchnahmeintensitäten symbolisieren, zu einem Vektor u^I und diejenigen, die Instandhaltungsintensitäten symbolisieren, zu einem Vektor u^{II} zusammen. Die Komponenten von u_1 sollen so definiert sein, daß sie innerhalb gewisser Grenzen frei und unabhängig voneinander festgesetzt werden können. Der Bereich U_1 der möglichen Vektoren $u_1(t)$ soll ein konvexes Polyeder sein. Zugelassen wird auch, daß einige u_1-Komponenten nach oben unbeschränkt sind. Als Intensitäten sind alle Komponenten nach unten durch null beschränkt, es können jedoch auch positive Mindestintensitäten einzuhalten sein. Alle η^j seien nach den Komponenten von u_1 stetig differenzierbar. Betrachten wir nun zunächst eine Momentanleistungsfunktion η^j, $j \in J$. (J bezeichnet die Indexmenge der Produktarten.) Man kann nun behaupten, daß die Erhöhung einer beliebigen Instandhaltungsintensität $(u^{II})^i$ die Momentanausbringung des Gutes j allenfalls erhöht, nicht jedoch senkt, wenn die übrigen Intensitäten gleich bleiben. Allerdings wird der Grenznutzen der Erhöhung abnehmen. Das bedeutet formal:

$$(4.39) \quad \frac{\partial \eta^j}{\partial (u^{II})^i} \geq 0 , \quad \frac{\partial^2 \eta^j}{(\partial (u^{II})^i)^2} < 0 \quad \text{mit} \lim_{\omega^i \to \infty} \frac{\partial \eta^j}{\partial (u^{II})^i} = 0$$

Als Beispiel für den Fall, daß eine Erhöhung einer Instandhaltungsintensität die Momentanausbringung ceteris paribus erhöht, läßt sich wiederum die Situation des Anhangs A anführen, wenn man dort den Sägeblattwechsel als kontinuierliche Instandhaltungsmaßnahme erfaßt. Bei häufigerem Auswechseln wird c.p. mehr gesägt. Man wird einwenden, daß bei allzuhäufigem Wechsel der Bedienungsmann nicht mehr zum Sägen kommt und daher eine weitere Erhöhung von einem gewissen Punkt an die Ausbringungsintensität wieder senken müsse. Diesen Fall wird man aber so erfassen, daß man für die Instandhaltungsintensität und die Intensität der zeitlichen Nutzung eine gemeinsame Beschränkung hat, die zur Definition von U_1 gehört (vgl. auch Anhang (A.1)), so daß sich bei voller zeitlicher Auslastung mit Instandhaltung und Inanspruchnahme die eine nur auf Kosten der anderen erhöhen läßt. Bei nicht voller Inanspruchnahme, also im Inneren von U_1, gilt (4.39) und auf dem Rand sind die Voraussetzungen (die übrigen Intensitäten sollten gleich bleiben) verletzt.

Bei den Inanspruchnahmeintensitäten ergibt sich nicht ein so eindeutiges Bild. Man kann im allgemeinen nicht behaupten, die Momentanausbringung jeder Produktart steige mit jeder beliebigen Inanspruchnahmeintensität. Es gibt z.B. Intensitäten, die nicht das Produktionsvolumen, wohl aber die Verhältnisse der Ausbringungsmengen bestimmen. Beispiele findet man in der chemischen Industrie oder der Kokerei. Was man aber sagen kann, ist, daß die Änderung der Ausbringungsintensität durch Änderung irgendwelcher Inanspruchnahmeintensitäten im Inneren von U_1 immer möglich ist. Formal heißt das:

$$(4.40) \quad \frac{\partial \eta^j}{\partial u^I} \neq 0 \; ,$$

also für jede beliebige Kombination von Inanspruchnahmeintensitäten ω^I gilt, es gibt eine Richtungsableitung von η^j die nicht null ist, es ist also niemals so, daß man die Intensitäten in linearer Näherung beliebig ändern kann, ohne daß sich die Momentanausbringung des beliebigen Gutes j ändert.

Nun ist noch der Fall der Verbrauchsfunktionen η^j, $j \notin J$ zu untersuchen. Da sind zunächst die Verbrauchsfunktionen für Instandhaltungsgüter und -leistungen. Für diese Güter wird man in der Regel anzunehmen haben, daß ihr Momentanverbrauch proportional zu einer Instandhaltungsintensität ist, wie sich aus der weiter oben gegebenen Beschreibung der kontinuierlichen Instandhaltungsaktivitäten ergibt. Auf den Verbrauch von sonstigen Gütern können die Instandhaltungsintensitäten in ähnlicher Weise wirken, wie auf die Ausbringung, was hier besagt, daß

$$(4.41)\quad \frac{\partial \eta^i}{\partial (u^{II})^j} \leq 0 \;, \quad \frac{\partial^2 \eta^i}{(\partial (u^{II})^j)^2} > 0 \quad \text{mit} \lim_{\omega^j \to \infty} \frac{\partial \eta^i}{\partial (u^{II})^j} = 0 \;.$$

für solche Indizes i gilt, die laufende Verbrauchsfaktoren, also nicht Instandhaltungsgüter bezeichnen. Die Verbrauchsfunktionen für Instandhaltungsgüter werden im folgenden nicht in dem Vektor $\eta(z,\, u_1)$ berücksichtigt, sondern werden unmittelbar mit ihren Kosten erfaßt. -

Betrachten wir nun die Gesetze der Entwicklung der z-Variablen in der Zeit. Für jedes z^j muß nun eine Differentialgleichung der Form

$$(4.42)\quad \dot{z}^j = f^j(z,\, u_1)$$

angegeben werden, durch die der Verlauf der z-Variablen in den Momentanverbrauchs- bzw. -leistungsfunktionen festgelegt wird. In (4.42) bezeichnet u_1 die kontinuierliche Steuerung als Funktion der Zeit, also Inanspruchnahmeintensitäten und Instandhaltungsintensitäten und z den Vektor aller Zustandsvariablen, die man benötigt, um für alle z^j, die in den Momentanverbrauchs- bzw. leistungsfunktionen vorkommen, ein Gesetz der Form (4.42) angeben zu können. Für jede Komponente von z muß man dann wieder ein Gesetz der Form (4.42) angeben. (4.42) beschreibt dann die Entwicklung der z^j zwischen zwei diskontinuierlichen Instandhaltungsmaßnahmen. Um (4.42) als System für alle j vollständig und in einer Weise anzugeben, die den tatsächlichen Verlauf wiedergibt, kann es notwendig werden, zusätzliche z-Koordinaten einzuführen, die nicht in den Momentanverbrauchsfunktionen bzw. Momentanleistungsfunktionen vorkommen. Nach Möglichkeit wird man dabei nur feststellbare technische Maßgrößen als Zustandsvariable zulassen, oder kumulative Inanspruchnahmemaße. Man kann jedoch auch fiktive Merkmale einführen, die selbst nicht unmittelbar gemessen werden können am konkreten Aggregat, die aber so gewählt sind, daß der Prozeß der Zustandsentwicklung, insofern er sich auf feststellbare Merkmale bezieht, in Übereinstimmung zwischen Modell und Realität abläuft, ohne daß Informationen über die fiktiven Zustandsmerkmale - die man ja nicht hat - vorausgesetzt werden müssen.

In diesem Kapitel IV wird die Voraussetzung gemacht, daß endlich viele Zustandsvariable ausreichen, um die Entwicklung der Verbrauchs- und Leistungsfunktionen zu erklären. (Ist diese Voraussetzung nicht gegeben, so wird man zu stochastischen Ansätzen Zuflucht nehmen, wie sie hier nicht behandelt werden.) Wie hängt nun die Entwicklung einer Zustandsvariablen z^j über die Zeit hin von den Argumentvariablen der Funktion f^j in (4.42) ab?

Befassen wir uns zunächst mit der Abhängigkeit von den Zustandskomponenten z^i! Geht man hier von der schon erwähnten Vorstellung aus, daß eine Zustandsverschlechterung gegenüber dem technisch möglichen Bestzustand keinerlei Vorteile bringt, dann muß ein Aggregat desto schneller verschleißen, je schlechter sein Zustand schon geworden ist, wenn man konstante kontinuierliche Steuerung u_1 voraussetzt. Je schlechter der Wirkungsgrad schon geworden ist, desto größer ist der Anteil der zugeführten Energie beim Betrieb der Maschine, der nicht produktiven Zwecken zugutekommt, sondern zur weiteren Verformung der Maschinenelemente, z.B. in Form von Reibungswärme, Abspanung usw. verwendet wird. [18] Formal bedeutet dies

$$(4.43) \qquad \frac{\partial f^j}{\partial z^i} \geq 0 \quad \text{für alle } j \text{ und alle } i \ .$$

Dabei werden alle f^j nichtpositiv sein, denn selbst bei günstigster kontinuierlicher Steuerung wird sich der Verschleiß des Aggregates nicht beliebig umkehren lassen zu einer Verbesserung des Zustandes. Die Funktionen f^j bestimmen den Verschleiß in Abhängigkeit von Nutzung und kontinuierlicher Instandhaltung bei gegebenem Zustand. Nimmt ein f^j betragsmäßig hohe negative Werte an, so geht der Verschleißprozeß schneller vor sich, bei niedrigeren Werten langsamer. In dieser Form wird hier also die *Thompson*-Hypothese übernommen. Sie bezieht sich nun nicht mehr auf den Wiederverkaufserlösverlauf sondern auf die Entwicklung jeder einzelnen Zustandsvariablen.

---

18) Dieser Gedanke ist bereits bei *Smith*, [Investment, 1961], S. 3o3 - 3o6 nahegelegt.

Von Einfahrvorgängen, wie sie bei manchen Maschinen von Bedeutung sein können, bei denen am Anfang der Nutzung eine Verbesserung des Zustandes durch Nutzung herbeigeführt werden kann, wollen wir hier absehen. Denn erstens sind die Einfahrphasen im Vergleich zur Gesamtlebensdauer relativ kurz und zweitens sind Instandhaltung und Nutzung hier technisch so fest vorgegeben, daß sie nicht sinnvoll zum Gegenstand ökonomischer Optimierung zu machen sind.

Zu betrachten haben wir noch die Abhängigkeit der Funktionen f^j von der kontinuierlichen Steuerungsvariablen u_1 . Man kann als Regelfall annehmen, daß $f^j(z, 0) < 0$ gilt, und zwar für jedes $z \in Z$, so daß das Aggregat ruhendem Verschleiß unterliegt. Ja selbst bei positiven Instandhaltungsintensitäten und einer Inanspruchnahme von null kann f^j negativ sein. Betrachtet man nun die Ableitungen von f^j nach den Komponenten $(u^{II})^i$ des kontinuierlichen Steuerungsbereiches, die Instandhaltungsintensitäten darstellen, so läßt sich sagen, daß Instandhaltung nichts verderben kann, daß aber allzu intensive Instandhaltung schließlich wirkungslos wird. D.h. formal

$$(4.44)\quad \begin{cases} \dfrac{\partial f^j}{\partial (u^{II})^i}(\omega) \geq 0 , \\[2ex] \dfrac{\partial^2 f^j}{(\partial (u^{II})^i)^2}(\omega) < 0 \\[2ex] \text{mit} \lim\limits_{\omega^i \to \infty} \dfrac{\partial f}{\partial (u^{II})^i}(\omega) = 0 \\[2ex] \text{für alle } \omega \in U . \end{cases}$$

Für die Inanspruchnahmeintensitäten lassen sich derartige Aussagen nicht so ohne weiteres allgemeingültig treffen. Es kann sehr wohl sein, daß die Inanspruchnahme einem Aggregat besser bekommt als das Ruhen, so daß spezielle Instandhaltungsmaßnahmen angezeigt erscheinen, wenn das Aggregat stillgelegt ist. Ein Beispiel sind Bleiakkumulatoren. Diese verlieren stark an Leistungsfähigkeit, wenn sie einfach stillgelegt werden. Sie brauchen turnusmäßige Abwechslung zwischen Laden und Entladen, was man auch als Instandhaltungsmaßnahme vorsehen kann.

Nun ist noch der Fall von Verschleißvorgängen gemäß der zweiten der weiter oben gegebenen Interpretationen zu betrachten, bei der Verschleiß als Entnahme von Nutzungspotential interpretiert werden kann. Hier gehorcht die kumulierte Entnahme einer Potentialverbrauchsfunktion, die die Form $\eta(z(t), u_1(t))^j$ hat, nur mit dem Unterschied, daß es sich nicht um eine Bewegung im Güterraum handelt, sondern im Zustandsraum. Die Fiktion eines Gutes Nutzungspotential ist deshalb nicht tunlich, weil wegen der unteilbaren Portionen, in denen das Nutzungspotential beschafft werden muß, diesem Gut kein Preis zugeordnet werden kann. Außerdem kann - in dem Falle gemischten Verschleißes sowohl nach der ersten als auch nach der zweiten Interpretation - die Entwicklung der kumulativen Entnahme auch durchaus gemäß (4.42) verlaufen.

Sei nun ζ^k das Nutzungspotential der Komponente k, d.h. die Grenze, bis zu der $z(\cdot)^k$ ansteigen kann und bei der dann schlagartig die Leistungsfähigkeit des Aggregates verschwindet (für einige k gilt $\zeta^k = \infty$); sei außerdem U_2^k die Menge der möglichen diskreten Instandhaltungsmaßnahmen, die geeignet sind, die Störung $z(t)^k = \zeta^k$ zu beheben, dann ergibt sich im Falle des Verschleißes nach der zweiten Interpretation folgende Vorschrift für die diskrete Instandhaltungspolitik:

$$(4.45) \qquad u_2^I(t) \in \bigcap_{k \in \{k \mid (z(t))^k = \zeta^k\}} U_2^k \quad .$$

Damit ist der Nutzungs- und Instandhaltungsprozeß von Potentialfaktor-Betriebsmittelaggregaten beschrieben.

3. Unsere Aufgabe besteht nun noch darin, die in Abschnitt 2 spezifizierte Prozeßstruktur in eine Produktions- und Kostentheorie überzuführen, d.h. auf dieser Basis ein Kostenminimierungsproblem zu konstruieren und aus seiner Lösung Aussagen über das Verhalten der Produzenten zu gewinnen. Für den allgemeinen Fall führt dies jedoch zu für uns unüberwindlichen Schwierigkeiten, so daß wir gezwungen sind, einige Spezialfälle der allgemeinen Struktur zu analysieren und uns damit zu begnügen.

Vorher aber sind noch einige allgemeinere Betrachtungen anzustellen betreffend die Kostenfunktion des Problems. Denn die allgemeine Kostenfunktion aus Kapitel III muß noch für den integrierten Prozeß der Inanspruchnahme und Instandhaltung von Potentialfaktor-Betriebsmittelaggregaten spezialisiert werden. Dazu knüpfen wir an bei (3.28) in Verbindung mit (3.2o) und interpretieren diese für den integrierten Nutzungs- und Instandhaltungsprozeß eines deterministisch verschleißenden Aggregates.

Als Betrachtungsperiode $[t_o, t_1]$ wählen wir den Zeitraum zwischen einem Planungszeitpunkt t_o, zu dem ein Aggregat bestimmten Zustandes in Betrieb ist, und dem Zeitpunkt t_1 des vollständigen Ersatzes dieses Aggregates bzw. seiner ersatzlosen Stillegung. Dieser Zeitpunkt ist natürlich nicht als fest gegeben anzunehmen, sondern auf Basis der Hypothese des Wirtschaftlichkeitsprinzips zu bestimmen.

Lagervorgänge bei den einzelnen Gütern sollen hier vernachlässigt werden; und ganz allgemein gehen wir für den integrierten Nutzungs- und Instandhaltungsprozeß des Aggregates davon aus, daß die Flow Prices w null sind. D.h. der zeitliche Anfall von Güterbewegungen soll keine Rolle spielen, abgesehen vom Kalkulationszinsfuß ρ. Dies ist die erste wesentliche Einschränkung gegenüber dem allgemeinen Ansatz.

Zum Kalkulationszinsfuß ρ und seiner Bestimmung für den Nutzungs- und Instandhaltungsprozeß sind hier noch einige Bemerkungen zu machen. Der Kalkulationszinsfuß war in Kapitel III als Schattenpreis des Kapitals gedeutet worden, der sich auf der Basis der Investitionsplanung des Betriebes ergibt, wenn man diese simultan mit dem Finanzplan durchführt. Als problematisch wurde dort herausgestellt, daß dieser Kalkulationszinsfuß als exogene Größe in die Produktions- und Kostentheorie eingeht. Bei der Betrachtung von Nutzungs- und Instandhaltungsprozessen von Aggregaten ist man nun, was den dadurch zu erwartenden Fehler anbetrifft, in einer relativ günstigen Situation. Es erscheint nicht unrealistisch anzunehmen, daß die Instandhaltungsausgaben, abgesehen von der Ausgabe in t_1, die finanzielle Anspannung nicht so stark beeinflussen, daß sich der Kalkulationszinsfuß ändern müßte, wenn sich die Instandhaltungspolitik ändert. Man kann sozusagen annehmen, daß die Instandhaltungsmaßnahmen im Rahmen des Kontokorrentkreditlimits des Betriebes finanziert, bzw. der Kasse entnommen werden können. Wann das eine und wann das andere der Fall sein wird, kann in aller Regel nicht so genau vorausgesagt werden, da Kassenbestand bzw. Inanspruchnahme des Kontokorrentkredites zufallsbedingt und sehr kurzfristig zu schwanken pflegen. Auf die Voraussehbarkeit der Schwankungen aber würde es in der Produktions- und Kostentheorie ankommen, da diese sich mit betrieblichen Planungsüberlegungen befaßt. Es erscheint aufgrund dieser Überlegungen angebracht, für Nutzungs- und Instandhaltungsprozesse als Kalkulationszinsfuß einen Durchschnittswert zwischen den Kontokorrentkreditzinssätzen und null (als Zinssatz der Kasse) zu nehmen, wobei sich die Gewichtung danach zu richten hätte, wie groß der Anteil der Betrachtungsperiode geschätzt wird, in dem ein Kassenbestand vorhanden ist und wie groß der Anteil geschätzt wird, in dem

Kontokorrentkredit in Anspruch genommen werden muß. Erfahrungswerte aus der Vergangenheit sind hierfür leicht zu ermitteln. Der sich ergebende Durchschnittszinssatz wird jedenfalls größer null sein, denn die Anlage von Kapital zu positivem Zinsfuß außerhalb des Unternehmens ist immer möglich und so lohnt es sich nicht, die Kasse so groß zu wählen, daß niemals Kontokorrentkredit in Anspruch genommen wird.

Im Prinzip besteht keine Schwierigkeit, mit einem variablen (aber exogenen) Kalkulationszinsfuß zu operieren, in dem sich die Zinsschwankungen, die konjunkturbedingt auftreten, einfangen ließen. Dies ist jedoch nicht notwendig, wenn man von folgender Überlegung ausgehen kann: Man kann beobachten, daß der Marktzins für Kontokorrentkredite in einem verhältnismäßig kurzfristigen Durchschnitt sich parallel zur Inflationsrate entwickelt. Er scheint ziemlich konstant 2 bis 3 % über der Inflationsrate zu liegen, wenn man die kreditpolitischen "Bremsspuren", die kurzfristige Abweichungen verursachen, herausmittelt. Faßt man nun Inflation auf als allgemeine Preissteigerung ohne Veränderung der relativen Preise der Güter (ohne Geld), so liegt nahe, den Preistrend der W durch einen Abschlag vom Kalkulationszinsfuß in Höhe der Inflationsrate zu erfassen. Als Kalkulationszinsfuß bleibt dann jener langfristig ziemlich konstante Satz der Differenz zwischen Kreditzins und Inflationsrate übrig, der entsprechend um den Einfluß der finanziellen Anspannung der Unternehmung zu korrigieren ist, d.h. die Möglichkeit, aus der Kasse zu zahlen, muß berücksichtigt werden. (Streng genommen wird man die Habenzinsen für Kontokorrenteinlagen, oder auch Tagesgeld- oder sonstige Festgeldzinssätze zu berücksichtigen haben. Auf die damit zusammenhängenden technischen Einzelheiten der Kalkulationszinsfußfeststellung soll jedoch hier nicht eingegangen werden.) Die verbleibenden kurzfristigen Schwankungen infolge der Kreditpolitik wird man nun aber bei Planungen kaum terminlich antizipieren können, ebensowenig wie die Schwankungen der finanziellen Anspannung des Unternehmens, so daß nichts anderes übrig zu bleiben scheint, von der Informationsbasis her gesehen, als mit einem durchschnittlichen, konstanten Zinsfuß zu rechnen, wie es auch hier geschehen soll.

Für den Fall nun, daß die Ersatzinvestition den Kalkulationszinsfuß beeinflußt, kann man dem Rechnung tragen, indem man bei der Ersatzinvestition einen speziellen Zuschlag zum gewöhnlichen Kalkulationszinsfuß macht, der der Verteuerung des Kredits infolge der Erhöhung der finanziellen Inanspruchnahme Rechnung trägt. Dieser Zuschlag ist im Rahmen der langfristigen Investitions- und Finanzierungsplanung des Betriebes zu ermitteln. Diese wird eine strategische Grobplanung sein, für die Änderungen in der Instandhaltungsplanung keine Rolle spielen, so daß auch hier die Exogenität des Kalkulationszinsfußes gewahrt bleiben kann.

Unter diesen Umständen ergibt sich für die Kostenfunktion der Periode $[t_o, t_1]$ der folgende Ausdruck:

$$(4.46)\quad \sum_{\theta \in T_2} k(u_2(\theta), \lim_{\tau \uparrow \theta} \underline{\underline{z}}(\tau))e^{-\rho\theta} + \int_{\theta}^{\tau(\theta)} h(z(t), u_1(t))e^{-\rho t}\, dt.$$

Darin bezeichnet $\underline{\underline{z}}$ den Vektor $\begin{pmatrix} z(\tau) \\ \tau \end{pmatrix}$ aller Zustandsvariablen und der Zeit im Zeitpunkt τ.

Darin ist - wie in (3.2o) - T_2 die Menge der Zeitpunkte, zu denen diskrete Instandhaltungsmaßnahmen vorgenommen werden und $\tau(\theta)$ - wie in (3.27) definiert - der nächste auf θ folgende Zeitpunkt einer diskreten Instandhaltungsmaßnahme. Die reellwertige Funktion k bezeichnet das Skalarprodukt des Vektors W der Güterpreise mit dem Vektor $\chi(\ ,\ )$, also die Kosten der in θ stattfindenden Instandhaltungsmaßnahme in Abhängigkeit vom Zustand bis kurz vorher und dem neu hergestellten Zustand $u_2(\theta)$. Durch Aufnahme der Zeitvariablen t unter die Zustandsvariablen kann darin auch zeitvariablen Güterpreisen Rechnung getragen werden.

Ähnlich ist die Funktion h als (Momentan-)"Kostenverbrauchsfunktion"[19] zu verstehen, die den Kostenzuwachs als Funktion des Zustandes und der kontinuierlichen Steuerung zum Zeitpunkt t angibt. Man erhält sie als Skalarprodukt des Preisvektors W mit dem Vektor $\eta(\ ,\ )$ vermehrt um die Kosten $h^{II}(u_1^{II})$der kontinuierlichen Instandhaltung:

$$(4.47) \qquad h(z,\ u_1) = W^T\ \eta(z,\ u_1) + h^{II}(u_1^{II})$$

- Bei der Definition von h ist im übrigen anzunehmen - wie dies bereits bei dem statischen Modell [2o] geschah - daß die Outputgüterpreise null sind. Denn in einer Produktions- und Kostentheorie tritt an die Stelle bestimmter Outputgüterpreise gewöhnlich die Bedingung gegebener Outputgütermengen, deren Form für das hier vorliegende dynamische Problem noch zu behandeln sein wird. Das hat zur Folge, daß die Momentanleistungsfunktionen für die Kostenfunktion keine Rolle spielen und daß die entsprechenden z-Variablen über die Ausbringungsbedingung zur Auswirkung kommen müssen. -

---

19) Vgl. *Jacob*, [Produktionsplanung, 1962], S. 214.

2o) Vgl. oben, Kapitel III, Bedingung (3.16).

Von der Funktion h^{II} nehmen wir an, daß sie eine linear-homogene Funktion der Instandhaltungsintensitäten u_1^{II} ist.

Die Eigenschaften der Momentan-Kostenverbrauchsfunktion h bestimmen sich nun durch die Tatsache, daß sie als Linearkombination mit positiven Koeffizienten aus den Momentanverbrauchsfunktionen η^j, $j \notin J$ und der linearen Funktion h^{II} angesehen werden kann.

Gemäß den weiter oben gemachten Ausführungen haben die Verbrauchsfunktionen η^j nichtpositive Ableitungen nach den Instandhaltungsintensitäten u_1^{II} und daher gilt für die Momentan-Kostenverbrauchsfunktion h

$$(4.48) \quad \frac{\partial h}{\partial u_1^{II}} - c_{II} \leq 0 \; ,$$

worin c_{II} der konstante Vektor der Ableitungen von h^{II} nach den Instandhaltungsintensitäten ist, also der Vektor der Proportionalitätskonstanten der Instandhaltungskosten.

Zusätzlich zu diesen Eigenschaften, die sich aus den Eigenschaften der Momentanverbrauchsfunktionen herleiten lassen, kann man noch folgendes behaupten:

Erhöht man eine beliebige Inanspruchnahmeintensität und läßt alle anderen gleich, so wird der Momentankostenverbrauch nicht abnehmen. Man muß sich dabei vor Augen halten, daß h keine Stückkosten-Verbrauchsfunktion ist, sondern eine Gesamtkosten-Verbrauchsfunktion für eine sehr kleine Periode. Diese Aussage wird sich im relevanten Bereich aufrechterhalten lassen, auch wenn man für die einzelnen Verbrauchsfunktionen die entsprechende Aussage nicht halten kann. Bei einzelnen Faktoren kann der Verbrauch mit steigender Intensität durchaus zurückgehen, insgesamt für die Kosten betrachtet, wird dieser Rückgang jedoch Zunahme des Verbrauchs anderer Faktoren immer mehr als wettgemacht. Formal bedeutet dies:

(4.49) $$\frac{\partial h}{\partial u_1^I} \geq 0 .$$

Nun ist noch die Funktion k zu betrachten, die die Kosten diskreter Steuerungsmaßnahmen in Abhängigkeit vom Zustand ausdrückt. Wir gehen davon aus, daß die Kosten der diskreten Inanspruchnahmevorgänge von der z-Situation des Aggregates unabhängig sind. Zu betrachten bleiben dann nur noch die diskreten Instandhaltungsmaßnahmen. Dabei ist auch der Veräußerungserlös der ausgemusterten Komponenten bzw. des ganzen ausgemusterten Aggregates kostenmindernd zu berücksichtigen. Wir gehen hier davon aus, daß die *Thompson*-Hypothese in folgender Form gilt: Selbst wenn man in jedem Zustand die ideale Kombination von Instandhaltungs- und Inanspruchnahmeintensitäten einhält, bleibt es unmöglich, einmal notwendig gewordene diskrete Instandhaltungsmaßnahmen des Zeitpunkts t_1 doch wieder überflüssig zu machen. Formal heißt dies:

(4.5o) $$\dot{k} := \frac{\partial k}{\partial z} f(z, u_1) + \frac{\partial k}{\partial t} \geq 0 .$$

Man kann nun weiter fragen, wie die momentane Geschwindigkeit des Zuwachses an Reparaturkosten in t_1 von der momentanen z-Situation abhängt. Für den Versuch einer Antwort, die allerdings auf Vermutungen gründen muß, gehen wir von der Vorstellung aus, daß die nicht produktiven Zwecken zugeführte Energien Zerstörungen am Aggregat bewirken. Daher werden die Reparaturkosten in t_1 umso schneller wachsen, je weiter man das Aggregat hat "herunterkommen" lassen. Aus dieser Überlegung ergibt sich

(4.51) $$\frac{\partial \dot{k}}{\partial z^i} \leq 0 .$$

Im übrigen wird, besonders, wenn für k(z, t) Veräußerungserlöse eine Rolle spielen, k und damit $\dot{k}$ hauptsächlich von der Zeit t abhängen. Für ziemlich schlechte Zustände eines Aggregats wird die durch (4.51) beschriebene Tendenz nicht aufrechterhalten bleiben. Von einem gewissen Punkt wird die weitere Zustandsverschlechterung die Reparaturkosten am Ende nicht mehr beschleunigt wachsen lassen sondern bremsen, weil es "schlimmer nicht mehr werden kann". Dieser Punkt dürfte jedoch außerhalb des praktisch interessanten Zustandsbereichs von Produktionsanlagen liegen. Wir lassen daher (4.51) uneingeschränkt gelten.

Schwierigkeiten für diese Überlegungen resultieren aus den Abhängigkeiten in einem Systemzusammenhang zueinander stehender Komponenten bezüglich der Instandhaltung (vgl. oben, S. 32). Sie können dazu führen, daß k und damit auch $\dot{k}$ keine <u>stetigen</u> partiellen Ableitungen nach den z^i besitzen, da die Reparaturkosten durch den "schlechtesten" unter mehreren z-Werten bestimmt werden (vgl. hierzu oben, S. 6).

Für diesen Fall helfen wir uns durch die Annahme, daß die Reparaturkosten k an <u>einer</u> repräsentativen Komponente unter den in einem Systemzusammenhang stehenden z^i festgemacht wird, während für die übrigen $\frac{\partial \dot{k}}{\partial z^j} = 0$ gesetzt wird. Das führt eher zu einer Unterschätzung der Wirkung, die eine Zustandsverschlechterung auf k ausübt.

Zu betrachten ist noch die Abhängigkeit der Kostenzunahme $\dot{k}$ von der kontinuierlichen Steuerung. Dazu betrachten wir $\frac{\partial \dot{k}}{\partial u_1} = \frac{\partial k}{\partial z} \frac{\partial f}{\partial u_1}$. Für die Instandhaltungsintensitäten u_1^{II} gilt

nun wegen (4.44) $\frac{\partial f}{\partial u_1^{II}} \geq 0$.

Prima facie erscheint weiterhin die Annahme sinnvoll, daß $\frac{\partial k}{\partial z^j} \leq 0$ für alle z^j. Somit ergibt sich, daß

$$(4.52) \quad \frac{\partial \dot{k}}{\partial u_1^{II}} = \sum_j \frac{\partial k}{\partial z^j} \frac{\partial f^j}{\partial u_1^{II}} \leq 0$$

da alle Summanden nichtpositiv sind. -

Kehren wir nun aber zurück zu der Diskussion des Ausdrucks (4.46) in seiner Gesamtheit als Zielfunktion in einem produktions- und kostentheoretischen Modell. Für sich allein genommen, bildet (4.46) noch kein sinnvolles kostentheoretisches Kriterium, denn man muß noch die nach t_1 anfallenden Kosten einbeziehen, die ja im allgemeinen auch noch von der Politik im Intervall $[t_o, t_1]$ beeinflußt werden. Diese Kosten werden, insbesondere falls in t_1 vollständig erneuert wird, von dem technischen Stand und der Bauart des Ersatzaggregates bestimmt, so daß Obsoleszenzphänomene eine Rolle spielen. Diese können auch insoweit Einfluß haben, als sie zu einer Änderung der verlangten Ausbringung führen, insbesondere in qualitativer Hinsicht. Bezeichnet man die in der Periode $[t_1, \infty]$ anfallenden Kosten zunächst rein formal mit $\tilde{C}(t_1)$, so kann man das zu minimierende Kostenkriterium schreiben als:

$$(4.53) \quad C = \sum_{\substack{\theta \in T_2 \\ \theta \neq t_1}} k(u_2(\theta), \lim_{\tau \uparrow \theta} z(\tau))e^{-\rho\theta}$$

$$+ \int_{\theta}^{\tau(\theta)} h(z(t), u_1(t))e^{-\rho t}\, dt + \tilde{C}(t_1)e^{-\rho t_1} .$$

Zu dem Term $\tilde{C}(t_1)$ sind nun einige Überlegungen anzustellen.

Im Zusammenhang einer Produktions- und Kostentheorie ist diese Größe zu interpretieren als die Kosten der optimalen Politik im Intervall $[t_1, \infty]$, sie ist also eine spezifische Erwartungsgröße, die vom Verhalten des Entscheidungsträgers in der Zukunft mit beeinflußt wird. Zu ihrer Bestimmung greift man in der Investitionstheorie üblicherweise auf bestimmte Hypothesen [21] zurück, nach denen von den gegenwärtigen Gegebenheiten auf die Zukunftsentwicklung geschlossen wird. Eine dieser Hypothesen ist die Annahme, die Kosten der optimalen Politik werde in aller Zukunft konstant bleiben, d.h.

$$(4.54) \quad \tilde{C}(t) = C \quad \text{für alle } t.$$

Damit wird (4.53) zu

$$(4.55) \quad C = (\sum_{\theta} k\, e^{-\rho\theta} + \int_{\theta}^{\tau(\theta)} h\, e^{-\rho t}\, dt)/(1 - e^{-\rho t_1}) \;.$$

Diese Zielfunktion erhält man auch, wenn man eine unendliche Kette identischer Ersatzinvestitionen annimmt und es zeigt sich, daß diese Annahme im Ergebnis also nicht so wirklichkeitsfremd zu sein braucht, wie es auf den ersten Blick scheint. In Wahrheit macht man nämlich damit keineswegs notwendig die Annahme, daß die Ersatzmaschinen mit der vorhandenen in Bauart, Verschleißcharakteristik, Instandhaltungseinfluß und Lebensdauer übereinstimmen. Man kann sehr wohl zulassen, daß der Anschaffungspreis der Ersatzmaschinen höher ist als der Anschaffungspreis der vorhandenen war, wenn dafür die optimale Instandhaltung billiger wird oder die optimale Lebensdauer zunimmt. Die Substanz der Annahme besteht

---

21) Vgl. hierzu *Massé*, [Choix, [2]1964], S. 59 ff.

lediglich darin, daß es nicht gelingt, mit dem technischen Fortschritt die Leistungen der Maschine bei optimaler Instandhaltung zu verbilligen und daß umgekehrt auch keine strukturellen, nicht inflationsbedingten Verteuerungen eintreten, die der technische Fortschritt nicht kompensieren würde. Nicht einmal technischer Fortschritt wird also durch diese Hypothese ausgeschlossen. Dabei wird natürlich davon ausgegangen, daß Planung nicht bedeutet, die Handlungsweise für alle Zukunft festzulegen, sondern nur bedeutet, die unmittelbar bevorstehenden Aktionen zu bestimmen unter Einbeziehung ihrer erwarteten zukünftigen Auswirkungen und erwarteter zukünftiger Chancen.

Eine andere derartige Hypothese geht auf *Terborgh* zurück [22]. *Terborghs* Ansatz wurde in der Literatur häufig diskutiert und auf unterschiedliche Weise dargestellt und begründet. Die im folgenden zu gebende Darstellung greift nicht auf die Originalarbeit zurück, sondern baut auf der investitionstheoretischen Begründung auf, die *V.L. Smith* für den Ansatz gegeben hat [23] und verwendet Ergebnisse von *P. Massé* [24].

Auch *Terborgh* geht aus von einer unendlichen Kette von Ersatzinvestitionen, die jedoch nicht als identisch angenommen werden, bei denen vielmehr die späteren Aggregate im Neuzustand immer niedrigere momentane Betriebskosten aufweisen als ihre Vorgänger in der Kette, ebenfalls im Neuzustand, hatten. Darin kommt der technische Fortschritt zum Tragen. Er nimmt - als Näherung zu verstehen - an, daß die Aggregate im Neuzustand momentane Betriebskosten aufweisen, die nach Maßgabe einer linearen Funktion des Anschaffungszeitpunktes fallen. Die Ab-

---

22) *Terborgh*, [Equipment, 1949].

23) *Smith*, [Investment, 1961], Chap V.

24) *Massé*, [Choix ²1964], S. 59 ff.

leitung dieser Funktion, negativ genommen, ist nach *Terborgh* die Obsoleszenzrate α. Im übrigen sollen die momentanen Betriebskosten jeder festen Maschine eine ebenfalls lineare, aber ansteigende Funktion ihres Alters sein. *Terborgh* behandelt nun die Frage, wann die in Betrieb befindliche Maschine optimaler Weise zu ersetzen ist. Dazu definiert er jährliche Gesamtkosten für diese Maschine, den "defender" und für die - noch unbekannte - Ersatzmaschine, den "challenger". Wir ersetzen im Anschluß an *Smith* die jährlichen Gesamtkosten hier durch momentane Gesamtkosten. Sie sind definiert als die Intensität eines konstanten Zahlungsstromes, dessen Kapitalwert gleich dem Kapitalwert der Gesamtkosten ist. Betrachten wir zunächst den "challenger". Bezeichnet man mit L_o die Restlebensdauer des defenders und mit E die momentanen Betriebskosten der im Planungszeitpunkt angebotenen Aggregate, so hat der "challenger" im Neuzustand momentane Betriebskosten in Höhe von $E - \alpha L_o$. Bedeutet weiter β den Anstieg der momentanen Betriebskosten der Ersatzmaschine mit dem Alter und L die Lebensdauer der Ersatzmaschine, so betragen deren gesamte Betriebskosten

$\int_o^L (E - \alpha L_o + \beta t)e^{-\rho t}\,dt$. Hinzukommt nun noch der Anschaffungspreis W des "challengers" vermindert um seinen (der Einfachheit halber konstant angenommenen) Wiederveräußerungswert S, der nach Ablauf der Nutzungsdauer L anfällt und daher entsprechend abzuzinsen ist. Die Gesamtkosten des "challengers" betragen also

$\int_o^L (E - \alpha L_o + \beta t)e^{-\rho t}\,dt + W - Se^{-\rho L}$, vermehrt um die Gesamtkosten der restlichen Kette ad infinitum. Die äquivalenten Momentankosten erhält man als die Zinsen auf die Gesamtkosten, also als das ρ-fache dieser Gesamtkosten.

Die gesamten Momentankosten des "challengers" seien mit w' bezeichnet. Diese sind also die Summe aus den Momentankosten, die während der Lebensdauer des "challengers" selbst anfallen, vermehrt um die Momentankosten der restlichen Kette. Der Darstellung von *Massé* zufolge schätzt nun *Terborgh* die Momentankosten der restlichen Kette durch die Momentankosten w' des "challengers". Wegen der Annahme der linear fallenden Betriebskosten, sind diese daher gleich $w' - \alpha L$ und da die Restkette erst L Zeiteinheiten später beginnt, ist entsprechend abzuzinsen. Damit haben wir:

$$(4.56) \qquad w' = \rho\left(\int_0^L (E - \alpha L_0 + \beta t)e^{-\rho t}\, dt + W - Se^{-\rho L}\right) + (w' - \alpha L)e^{-\rho L} =$$

$$= \rho(E - \alpha L_0)\frac{1}{\rho}(1 - e^{\rho L}) + \rho \int_0^L \beta t e^{-\rho t}\, dt + \rho(W - Se^{-\rho L}) + (w' - \alpha L)e^{-\rho L} =$$

$$= (E - \alpha L_0)(1 - e^{\rho L}) + \rho\beta \left[\frac{e^{-\rho t}}{\rho^2}(-\rho t - 1)\right]_0^L + \rho(W - Se^{-\rho L}) - \alpha L e^{-\rho L} + w' e^{-\rho L} .$$

Bringt man nun w' auf die linke Seite, so erhält man nach Vereinfachen:

$$(4.57) \qquad w' = E - \alpha L_0 + \beta/\rho + \frac{\rho(W - Se^{-\rho L}) - (\alpha + \beta)Le^{-\rho L}}{1 - e^{-\rho L}} .$$

Zu dieser Formel gelangt auch *Smith*, allerdings aufgrund anderer Annahmen und auf einem anderen Wege [25]. *Smith* geht davon aus, daß alle folgenden Aggregate der Kette dieselbe Lebensdauer L, denselben Koeffizienten β und dieselbe Anschaffungsausgabe W aufweisen. *Smith* erhält (4.57) aufgrund dieser Annahmen als unendliche Summe über eine Kette aus solchen Maschinen. Wie bei der unendlichen Kette identischer Ersatzinvestitionen zeigt sich auch hier, daß man gar keine so detaillierten Annahmen über jedes einzelne Kettenglied benötigt. Durch Minimierung von w' gemäß (4.57) bezüglich L gelangt man zu *Terborghs* "adversem Minimum" des "challengers". Hierzu bildet man die Ableitung von w' nach L und setzt diese null. Diese Ableitung ist von L_o unabhängig, daher ist auch das optimale L von L_o unabhängig und man kann das optimale w' als lineare Funktion von L_o angeben. Für diese Funktion schreiben wir $w^*(L_o)$. Den zu (4.57) analogen Kostenbegriff für den "defender" erhält man [26]:

$$(4.58) \qquad w = \rho \int_o^{L_o} (E_o + \beta_o t) e^{-\rho t}\, dt - \rho S_o e^{-\rho L_o} + w'\, e^{-\rho L_o} .$$

Darin bezeichnen E_o, β_o, S_o und L_o die zu E, β, S und L entsprechenden Parameter des "defenders".

Um nun L_o in (4.58) optimal zu wählen, setzt man für w' das optimale $w^*(L_o)$ ein und minimiert w bezüglich L_o.

---

25) *Smith*, [Investment, 1961], S. 145.

26) Dies ist Formel (5.3.6) bei *Smith*, [Investment, 1961], S. 145.

Der von *Terborgh* vorgeschlagene Ansatz zur Erfassung der technischen Obsoleszenz, der hier nach der Darstellung von *Smith* wiedergegeben wurde (wenn auch etwas modifiziert), zwingt allerdings nicht dazu, Momentankosten zu betrachten. Man kann anstelle von (4.56) durchaus eine Zielfunktion der Form (4.53) verwenden und im übrigen ganz analog vorgehen[27]; man braucht nur (4.56) bis (4.58) durch ρ zu dividieren.

Uns interessiert die Funktion $\tilde{C}(t_1)$ in (4.53). Identifizieren wir - auch für alles folgende - t_o mit 0 und t_1 mit L_o, so erhalten wir

$$(4.59)\qquad \tilde{C}(t_1) = \frac{w^*(L_o)}{\rho}$$

für diese Version des *Terborgh-Smith*-Ansatzes. Nach (4.57) ist $\tilde{C}(t_1)$ eine Konstante, die von den Parametern des "challengers" bestimmt wird, vermindert um $\frac{\alpha}{\rho}\,t_1$:

$$(4.60)\qquad \tilde{C}(t_1) = \tilde{C}_o - \frac{\alpha}{\rho}\,t_1 \;.$$

Terborgh geht also von einem technischen Fortschritt aus, der die Gesamtkosten der Zukunft nach dem Ersatz der in Betrieb befindlichen Ausstattung, als lineare Funktion des Ersatzzeitpunktes sinken macht. Damit würde man natürlich auf die Dauer zu negativen Kosten kommen, nur wird man den Ersatzzeitpunkt t_1 so spät nicht wählen können. Der Fehler, den die lineare Kostenentwicklung verursacht, fällt praktisch - folgt man hier den Ausführungen verschiedener Autoren - kaum ins Gewicht[28]. Mit demselben - oder wie *Massé*

---

27) In dieser Form findet man den *Terborgh-Smith*-Ansatz dargestellt bei *Meyer*, [Equipment, 1973], der im übrigen eine stochastische Erweiterung bringt.

28) Vgl. z.B. *Smith*, [Investment, 1961], S. 145, Fußnote 17. *Massé*, [Choix, ^{2}1964], S. 65, Fußnote 1.

meint [29] mit besserem - Recht kann man aber auch davon ausgehen, daß der technische Fortschritt exponentiell wirkt, beispielsweise derart, daß die Betriebskosten als Funktion des Alters t gegeben sind durch $Ee^{-\alpha t}$. In diesem Fall tritt an die Stelle von (4.54)

$$(4.61)\qquad \tilde{C}(t_1) = \tilde{C}_o - (1 - e^{-\alpha t_1})\,\frac{E}{\rho}$$

$\tilde{C}$ geht dann gegen den jedenfalls positiven Grenzwert $\tilde{C}_o - \frac{E}{\rho}$. Durch Einführung eines positiven Faktors bei dem Subtrahenden $\frac{E}{\rho}$ kann man eine beliebige Grenze für den technischen Fortschritt vorgeben. Als Anhaltspunkt für die Größe $\tilde{C}_o$ kann man analog (4.54) das optimale C selbst annehmen.

Allerdings scheint die Annahme, daß die angebotenen Aggregate stetig sinkende Kosten aufweisen insgesamt ziemlich fragwürdig. Der technische Fortschritt geht in Sprüngen vor sich, deren Höhe und Zeitpunkte ungewiß sind. Dieser Fall, der den Rahmen dieses Kapitels überschreitet, da es sich dabei nicht mehr um deterministischen ("ökonomischen") Verschleiß handelt, hat *Meyer* [3o] behandelt.

---

29) *Massé*, [Choix, ²1964], S. 65, Fußnote 1.

3o) *Meyer*, [Equipment, 1971]; gegenüber diesem Beitrag sind jedoch Einwände zu erheben. *Meyer* betont immer wieder, er minimiere den erwarteten Gegenwartswert der Kosten. Dies ist jedoch nicht voll durchgehalten, da er in seiner Gleichung (2.7), der Zielfunktion, davon ausgeht, daß jeweils nach der erwarteten Lebensdauer μ^* ein Ersatz vorgenommen wird. *Meyer* möchte einen Schwellenwert für die Differenz zwischen den Kosten der neuen und der vorhandenen Maschine zugeben, ein "control-limit", das optimal ist. Erreicht der technische Fortschritt diesen Schwellenwert, so ist zu ersetzen.

Im Rahmen einer deterministischen Theorie braucht man allerdings nicht von stetiger Wirkung des technischen Fortschrittes auszugehen. Man kann vielmehr von der durch (4.54) gekennzeichneten Situation als oberer Schranke für $\tilde{C}(t_1)$ ausgehen und dann in einer Art Sensitivitätsanalyse untersuchen, wie sich der optimale Ersatzzeitpunkt t_1 verschiebt, wenn man $\tilde{C}$ senkt. Erreicht man so eine Kombination von $\tilde{C}$ und t_1, die glaubhaft erscheint, so wird man diese zugrundelegen. Der Produktions- und Kostentheorie bleibt nichts anderes, als zu untersuchen, wie sich t_1 mit der Verminderung des geschätzten $\tilde{C}$ verschiebt. Dieser Weg soll auch hier beschritten werden. Im übrigen sei darauf hingewiesen, daß mit der hier vorgeschlagenen Form der Zielfunktion (4.53) auch der Fall einer einmaligen Investition ohne Ersatz als Spezialfall erfaßt ist. In diesem Fall ist $\tilde{C}(t_1) \equiv 0$.

Nach diesen Ausführungen zur Kostenfunktion von Nutzungs- und Instandhaltungsprozessen sei nun noch die für die produktions- und kostentheoretische Minimierungsaufgabe charakteristische Bedingung gegebener Ausbringung diskutiert. In einem dynamischen Modell ist die Produktion, auf die sich diese Bedingung ja bezieht, ein Funktionsvektor. Für diejenigen Komponenten dieses Vektors, die sich auf Ausbringungsgüter beziehen, werden durch die Outputbedingung bestimmte quantitative Merkmale vorgeschrieben. Verschieden strenge Vorschriften sind denkbar. Die strengste Vorschrift legt die Outputkomponenten der Produktion als Funktionen der Zeit vollständig fest. Eine solche Vorschrift ist etwa bei der Produktion nicht lagerfähiger Güter oder bei Dienstleistungen sinnvoll, wenn der Nachfrageverlauf hinreichend genau vorhersehbar ist. Die Inanspruchnahmeparameter der kontinuierlichen Steuerung sind dann so zu wählen, daß in jedem Zeitpunkt der vorgeschriebene Vektor $\dot{x}(t)$ von Produktionsgeschwindigkeiten erreicht wird. Dabei ist es denkbar, daß es mehrere Möglichkeiten gibt, die diese Bedingung erfüllen, so daß es notwendig wird, die im dynamischen Sinne kostenoptimale unter ihnen auszuwählen. Die Outputbedingung in dem kostentheoretischen Optimierungsproblem nimmt nun folgende Form an:

(4.62) $\eta(z(t), u_1(t))^j - \dot{x}(t)^j \geq 0$

für jedes $j \in J$.

Darin ist $\dot{x}$ eine stetig differenzierbare vektorwertige Funktion, die einzuhaltende momentane Mindestproduktionsgeschwindigkeiten vorschreibt.

Eine andere Form der Outputbedingung, die bei lagerfähigen Produkten insbesondere dann sinnvoll sein kann, wenn der Betrachtungshorizont t_1 von vornherein festliegt, besteht darin, die kumulierte Produktion $x(t_1)$ vorzuschreiben. In diesem Fall müssen die kumulierten Produktmengen als Zustandsvariable aufgenommen werden, deren Entwicklungsgesetz durch die Momentanleistungsfunktionen gegeben ist. Eine Verallgemeinerung dieser Form der Outputbedingung kann man darin sehen, für beliebigen Zeitpunkt t_1 die kumulierte Produktion vorzuschreiben, falls dort die Betrachtung endet:

(4.63) $x(t_1) = X(t_1)$,

worin $X(t_1)$ eine vorgegebene, stetig differenzierbare Funktion mit Werten im Outputraum ist. Der zeitliche Verlauf der momentanen Produktionsgeschwindigkeit und die kontinuierliche Steuerung sind dann Ergebnis der produktions- und kostentheoretischen Optimierung. An die Stelle des Zeitpunktes t_1 kann auch ein anderer, fester Zeitpunkt vor t_1 treten, für den dann die Outputbedingung formuliert wird. Dies ändert am Prinzip der folgenden Überlegungen nichts.

Nach dieser Diskussion der Outputbedingung müssen wir noch einmal zurückkommen auf die Hypothesen über die zukünftigen Kosten. Bei diesen Hypothesen handelt es sich in irgendeiner Form immer um Unterstellungen eines stationären Verlaufs der zukünftigen Entwicklung: Die Gegenwart wird als repräsentativ für die Zukunft angesehen, das gilt auch irgendwie für die geforderte Ausbringung. Ist diese als konstant unterstellt, so entstehen keine Schwierigkeiten. Schwankt die momentane Ausbringung nur in Abhängigkeit vom Zustand des Aggregates, so kann man annehmen, daß der Ersatzzyklus in etwa ebenso verläuft wie der ursprüngliche. Schwierigkeiten machen aber saisonale Schwankungen. Trends dagegen lassen sich nach Art des technischen Fortschritts erfassen. Bei Saisonschwankungen muß auch die Funktion $\tilde{C}$ als Funktion der Zeit eine Saisonkomponente enthalten, wenn überhaupt die Inanspruchnahme für den Verschleißprozeß eine Rolle spielt. Wir können hier auf diese Komplizierungen nicht näher eingehen. Wir wollen vielmehr davon ausgehen, daß Outputschwankungen nur bis zu einem Zeitpunkt vorgeplant werden können, der jedenfalls früher liegt als der optimale Ersatzzeitpunkt, und daß von diesem Zeitpunkt an mit der bis dorthin erreichten durchschnittlichen Produktionsgeschwindigkeit gerechnet wird.

Im Rest dieses Kapitels IV soll nun versucht werden, durch Analyse einiger Spezialfälle Einblick zu gewinnen in die produktions- und kostentheoretisch relevanten Möglichkeiten der Faktorsubstitution bei Nutzungs- und Instandhaltungsprozessen von Potentialfaktor-Betriebsmitteln. Die Analyse spezieller Fälle ist deshalb angebracht, weil sich an ihnen die Substitutionsmechanismen aufzeigen lassen, die auch im allgemeinen Fall wirksam sind, allerdings in Kombination miteinander. Im allgemeinen Fall tritt zusätzlich das Problem einer optimalen Kombination jener speziellen Substitutionsvorgänge auf, das theoretischer Bewältigung große Schwierigkeiten entgegensetzt, die wir nicht überwinden konnten.

Wir betrachten zunächst ein Aggregat oder Aggregatteil, bei dem der Verschleiß zwar die Leistungs- oder Wirkungsgrade ständig verschlechtert, bei dem jedoch die Leistungsfähigkeit niemals völlig verbraucht wird. Das Aggregat verschleißt also ausschließlich "im Sinne der ersten Interpretation", wie das weiter oben genannt worden war. Die Einwirkung des Verschleißes soll durch kontinuierliche Instandhaltung beeinflußbar sein. Außerdem soll die Möglichkeit zu speziellen diskreten Instandhaltungsmaßnahmen bestehen und zwar solchen, die das Aggregatteil bzw. Aggregat wieder in den Neuzustand versetzen. Welche von vielleicht mehreren möglichen solchen Maßnahmen optimal ist, soll nur vom Zustand des Aggregates vor der Reparatur abhängen. Sonstige diskrete Instandhaltungsmaßnahmen seien ausgeschlossen. Im übrigen wird zunächst davon ausgegangen, daß die optimalen Gesamtkosten nach der Erneuerung dieselben sind wie im Neuzustand des im Einsatz befindlichen Exemplars, (vgl. (4.54)). In der Zielfunktion (4.53) braucht dann u_2 nicht mehr explizit aufzutreten, da als Maßnahme nur Versetzen in den Neuzustand infragekommt. Lediglich Zeitpunkt und Kosten der Maßnahme sind offen. Für $k(u_2, \lim_{t \uparrow t_1} \underline{\underline{z}}(t))$ in (4.53) schreiben wir daher $k(\lim_{t \uparrow t_1} \underline{\underline{z}}(t))$. Daher erhält die Zielfunktion unter Berücksichtigung von (4.54) folgende Form:

$$(4.64) \quad C = \frac{k(\lim_{t \uparrow t_1} \underline{\underline{z}}(t))e^{-\rho t_1} + \int_0^{t_1} h(z(t), u_1(t))e^{-\rho t}\,dt}{1 - e^{-\rho t_1}} .$$

Diese Zielfunktion ist nun zur Lösung des kostentheoretischen Problems durch Wahl von t_1 und der kontinuierlichen Steuerungsfunktion u_1 unter den Bedingungen der Zustandsentwicklung (4.42) wie sie oben in 2. genauer spezifiziert sind und den

Outputbedingungen (4.62) bzw. (4.63) zu minimieren. Um zu Aussagen produktions- und kostentheoretischer Art über die optimale Politik zu gelangen, kann man das Maximumprinzip von *Pontrjagin* anwenden [31].

Dazu betrachten wir zunächst das Problem der Wahl der optimalen kontinuierlichen Steuerung u_1 bei festem t_1, denn man kann ja zur Lösung des ursprünglichen Problems die optimale kontinuierliche Steuerung und die optimalen Kosten als Funktion von t_1 zu ermitteln suchen und dann die optimalen Kosten über t_1 minimieren. Damit hätte man u_1 und t_1 simultan optimiert.

Für festes t_1 kann man statt C in (4.64) auch den Zähler allein minimieren, da der Nenner eine positive Konstante ist. Wir führen nun $z^{n_2+1} \equiv t$ als zusätzliche Zustandsvariable ein, so daß nun $\underline{\underline{z}} = \begin{pmatrix} z \\ z^{n_2+1} \end{pmatrix}$ und

$$(4.65) \qquad \dot{z}^{n_2+1} = f^{n_2+1} \equiv 1 \ , \quad z^{n_2+1}(0) = 0$$

und fordern als Endbedingung (vgl. Anhang B, Formel (B.3))

$$(4.66) \qquad z^{n_2+1}(t_1) = t_1 \ .$$

Damit können wir t_1 als Integrationsgrenze bzw. als Ende des Betrachtungszeitraumes als frei ansehen, wie dies im Anhang B vorausgesetzt ist, denn (4.66) stellt sicher, daß der Prozeß nur in t_1 enden kann [32]. Um den im Anhang B diskutierten Satz anwenden zu können, sind jedoch noch einige andere Umformungen des Problems notwendig.

---

31) Siehe unten, Anhang B.

32) Vgl. *Pontrjagin*, [Theorie ^{2}1967], S. 69 ff.

Zunächst ist die Zielfunktion, also der Zähler in (4.64) auf die erforderliche Form $\int_0^{t_1} f_o(\underline{\underline{z}}, u_1)dt$ zu bringen. Dazu bemerkt man, daß

$$(4.67) \quad k(\lim_{t \uparrow t_1} \underline{\underline{z}}(t))e^{-\rho t_1} = e^{-\rho t_1}\left[\int_0^{t_1} \dot{k}(\underline{\underline{z}}, u_1)dt + k(\underline{\underline{z}}(0))\right] ,$$

worin gilt:

$$(4.68) \quad \dot{k} = \frac{\partial k}{\partial z} f + \frac{\partial k}{\partial t} .$$

Daher erhält man als Integranden in der Zielfunktion

$$(4.69) \quad f_o(\underline{\underline{z}}, u_1) = e^{-\rho t_1} \dot{k}(\underline{\underline{z}}, u_1) + e^{-\rho t} h(z, u_1).$$

Zunächst sei nun das produktions- und kostentheoretische Optimierungsproblem mit einer Outputbedingung der Form (4.63) betrachtet und mithilfe des Theorems von *Pontrjagin*, wie es im Anhang B erläutert ist, diskutiert. Die Hamiltonfunktion dieses Problems lautet:

$$(4.7o) \quad H = -f_o + \sum_{i=1}^{n_2} \psi^i f^i + \psi^{n_2+1} + \sum_{j \in J} \psi^{n_2+1+j} \eta^j .$$

Darin bezeichnet ψ^{n_2+1} die adjungierte Variable der Zustandsgröße $z^{n_2+1} \equiv t$ und die ψ^{n_2+1+j}, die im folgenden kurz als ψ^{+j} bezeichnet werden, sind die adjungierten Variablen der Outputgütermengen. Wir nehmen an, daß die η^j unabhängige Funktionen sind. Ist dies nicht der Fall, so kann man aus der Menge J soviele j herauslassen, bis sich ein unabhängiges System ergibt und für die herausgelassenen j die Outputs aus den verbliebenen errechnen. Die adjungierten Variablen gehorchen nun dem folgenden Gleichungssystem:

(4.71) $$\dot{\psi}^i = -\frac{\partial H}{\partial z^i}$$

$$\dot{\psi}^{+j} = -\frac{\partial H}{\partial x^j}$$

Da nun aber f_o und sämtliche f^i sowie die η^j nicht von den x^j abhängen, sind die ψ^{+j} sämtlich konstant. Etwas ausführlicher geschrieben lautet die Hamiltonfunktion:

(4.72) $$H(\psi, z, t, u_1) =$$

$$- e^{-\rho t_1} \dot{k}(z, t, u_1) - e^{-\rho t} h(z, u_1)$$

$$+ \sum_{i=1}^{n_2} \psi^i f(z, u_1)^i + \psi^{n_2+1}$$

$$+ \sum_{j \in J} \psi^{+j} \eta(z, u_1)^j .$$

Die Hamiltonfunktion ist eine Funktion der adjungierten Variablen ψ^i, $i = 1, \ldots, n_2 + 1 + |J|$, ($|J|$ bezeichnet die Zahl der Elemente von J), der Zustandsvariablen z^i, $i = 1, \ldots, n_2$ und $z^{n_2+1} \equiv t$ sowie der kontinuierlichen Steuerungsvariablen u_1, d.h. der momentanen Inanspruchnahme- und Instandhaltungsintensitäten, jeweils im Zeitpunkt t genommen.

Gemäß (4.71) ergibt sich nun aus (4.72) für die Entwicklung der adjungierten Variablen ψ^i, $i = 1, \ldots, n_2$ folgendes System:

$$(4.73) \quad \dot{\psi}^i = e^{-\rho t_1} \frac{\partial \dot{k}}{\partial z^i} + e^{-\rho t} \frac{\partial h}{\partial z^i} - \sum_{j=1}^{n_2} \psi^j \frac{\partial f^j}{\partial z^i} - \sum_{j \in J} \psi^{+j} \frac{\partial \eta^j}{\partial z^i} .$$

Das Maximumprinzip liefert nun als notwendige Bedingung für ein Optimum, daß H, wenn man für die Argumentvariablen ψ, z, t, u_1 einen Punkt der optimalen Lösung einsetzt, als Funktion von u_1 ein Maximum annimmt. Im Falle eines inneren Maximums bedeutet dies:

$$(4.74) \quad \frac{\partial H}{\partial u_1} = - e^{-\rho t_1} \frac{\partial \dot{k}}{\partial u_1} - e^{-\rho t} \frac{\partial h}{\partial u_1} + \psi^T \frac{\partial f}{\partial u_1} + \sum_{j \in J} \psi^{+j} \frac{\partial \eta^j}{\partial u_1} = 0 .$$

Außerdem ist notwendig für ein Optimum die Transversalitätsbedingung (c) im Anhang B. Aus dieser Bedingung folgt im vorliegenden Falle

$$(4.75) \quad \psi^i (t_1) = 0 \quad \text{für } i = 1, 2, \ldots, n_2 .$$

Für die übrigen ψ^i gibt diese Bedingung nichts her. Zur simultanen Bestimmung der optimalen u_1, z, x und ψ für ein beliebiges t stehen aber jetzt folgende Beziehungen zur Verfügung: Erstens, die Entwicklungsgesetze der Zustandsvariablen, samt ihren Anfangswerten, dies sind $n_2 + 1 + |J|$ Differentialgleichungen in ebensovielen Variablen mit ebensovielen Anfangswerten; zweitens, die n_2 Differentialgleichungen (4.73) mit den Randbedingungen (4.75) für ebensoviele Variable; drittens, die Gleichungen (4.74), dies sind ebensoviele wie u_1 Komponenten hat und viertens die Outputbedingungen (4.63), das sind ebensoviele wie die Variablen ψ^{+j}. Insgesamt liegt also ein "vollständiges System von Beziehungen" [33] vor zur Bestimmung der Variablen und man kann erwarten, daß diese eine optimale Lösung eindeutig auszeichnen, sofern nur eine solche existiert. Mit dem Fall, daß dies nicht der Fall ist, wollen wir uns hier nicht befassen. Für den Fall, daß ein inneres Maximum der Hamiltonfunktion nicht existiert, gilt als Verallgemeinerung von (4.74) die Bedingung

$$(4.76) \quad H(\psi^*(t), z^*(t), t, u_1^*(t)) = \max_{\omega_1 \in U_1} H(\psi^*(t), z^*(t), t, \omega_1).$$

Die Betrachtung dieses Systems von Beziehungen ermöglicht nun eine Analyse von Substitutionsmöglichkeiten, die unter kostentheoretischen Aspekten bei dem integrierten Prozeß der Nutzung

---

33) Vgl. *Pontrjagin*, [Theorie, ^{2}1967], S. 27 f.

und Instandhaltung von Potentialfaktor-Betriebsmitteln mit deterministischem Verschleiß relevant sind. Für eine solche Analyse gehen wir aus von der Beziehung (4.74). Wir betrachten zunächst eine Zeile [34] dieses Gleichungssystems, die die Ableitung der Hamiltonfunktion nach einer Instandhaltungsintensität u^ℓ null setzt und betrachten jeden Summanden für sich. Bezüglich des ersten Summanden vergegenwärtigen wir uns, daß k die Kosten der in t_1 fälligen diskreten Instandhaltungsmaßnahme als Funktion des Zustandes unmittelbar vor der Maßnahme angibt. Gemäß (4.52) ist nun der erste Summand $- e^{-\rho t_1} \partial \dot{k}/\partial u^\ell$ unserer Betrachtungszeile nichtnegativ. Er drückt aus, wieviel an diskreten Instandhaltungskosten (unter Berücksichtigung der Abzinsung) sich - in linearer Näherung betrachtet - durch Erhöhung der momentanen Instandhaltungsintensität $u^\ell(t)$ in dem Intervall [t, t + dt] einsparen läßt. Für die Betrachtung des zweiten Summanden vergegenwärtige man sich (4.48) und die damit verbundenen Überlegungen. Hiernach enthält $\frac{\partial h}{\partial u^\ell}$ zunächst einen konstanten Summanden für die Instandhaltungskosten, die von der Intensität u^ℓ bestimmt werden und ferner etwa auftretende Ersparnisse am Momentanverbrauch von Faktoren für den Betrieb des Aggregats, wie sie an einem Beispiel ähnlich dem in Anhang A exemplifiziert werden könnten, wenn etwa der Energieverbrauch geringer ist, weil man mit geringerer Standzeit eine größere Schärfe des Werkzeugs aufrechterhält. Der zweite Summand ist dann negativ, wenn die Kosten die momentanen Ersparnisse übersteigen. In dem dritten Summanden kommen nun die langfristigen Wirkungen der Instandhaltung zum Ausdruck; $\frac{\partial f^i}{\partial u^\ell}$ symbolisiert die Wirkung der intensiveren Instandhaltung auf den Einfahr- und Verschleißprozeß. Aus (4.44)

---

34) Genau genommen muß das System (4.74) erst transponiert geschrieben werden, ehe man von einer solchen Zeile reden kann.

weiß man, daß $\frac{\partial f^i}{\partial u_1{}^\ell} \geq 0$.

Im dritten Summanden unserer gerade betrachteten Zeile treten diese langfristigen Instandhaltungswirkungen $\frac{\partial f^i}{\partial u^\ell}$ auf, bewertet mit den zugehörigen prix d'usage ψ^i der optimalen starren kontinuierlichen Steuerung. Wie in Anhang B näher erläutert ist, geben diese prix d'usage in linearer Näherung die Wirkung einer exogenen Zustandsverschiebung auf die Kostenfunktion $\int_0^{t_1} f_0(z(t), t, u_1(t))dt$ bei unveränderter Steuerung an, und zwar in Form von Nutzenbewertungsfaktoren, d.h. für eine Kostensteigerung sind sie negativ, für Kostenersparnisse dagegen positiv. Daher wäre ökonomisch plausibel, daß für die z^i die ψ^i nichtnegativ sind. Ob diese ökonomische Plausibilitätsargumentation zutrifft, wird noch zu überprüfen sein.

Der vierte und letzte Summand in (4.74) erfaßt für die betrachtete Zeile die Auswirkung der Instandhaltungsintensität u^ℓ auf die Erreichung des Produktionszieles (4.63). Ein Beispiel für eine derartige Auswirkung wird in Anhang A skizziert, wenn man die reziproke Standzeit des Sägeblattes dort als Instandhaltungsintensität auffaßt. Wirkt sich die betrachtete Instandhaltungsintensität nicht auf die Ausbringung sondern nur verbrauchsmindernd bei anderen Faktoren aus, so ist dieser Summand null.

Betrachten wir nun die Outputbewertungen ψ^{+j}. Diese haben eine bedeutsame ökonomische Interpretation. Ihre Interpretation als prix d'usage gemäß den Überlegungen am Ende von Anhang B zeigt, daß sie sich ansehen lassen als Grenzkostensätze der Nutzung und Instandhaltung des Aggregates bezüglich der Outputforderung $x(t_1)$, ausgehend von der festen Steuerung $u_1{}^*$, die für die ursprüngliche Outputforderung optimal ist. Mathematisch gesprochen sind sie der Gradient der Gesamtkostenfunktion $K_o := \int_o^{t_1} f_o(\underline{\underline{z}}(t), u_1^*(t))dt$ bezüglich $x(t_1)$ bei fester Steuerung u_1^*. Um dies einzusehen, betrachten wir das System (4.74) vollständig in einem kleinen Intervall $[t_1 - dt, t_1]$. Dann gilt in linearer Näherung wegen (4.75), daß $\psi^T \frac{\partial f}{\partial u_1}$ null ist und daher:

$$(4.77) \qquad e^{-\rho t_1} \frac{\partial \dot{k}}{\partial u_1} + \frac{\partial h}{\partial u_1} = \sum_j \psi^{+j} \frac{\partial \eta^j}{\partial u_1}$$

In dem kleinen Intervall läßt sich die Steuerung u_1^* durch den konstanten Vektor $u_1^*(t_1)$ annähern. Erhöht man nun die Outputforderung $x(t_1)$ in einer beliebigen Richtung dx, so muß man im Betrachtungsintervall von der Ausgangssteuerung $u_1^*(t_1)$ in einer Richtung du abweichen, für die gilt

$$(4.78) \qquad \frac{\partial \eta}{\partial u_1} du = dx,$$

um die Outputbedingung einzuhalten. (4.78) definiert du in Abhängigkeit von dem willkürlich gewählten dx (du braucht dadurch nicht eindeutig festgelegt zu sein). Multiplizieren wir nun beide Seiten von (4.77) mit du so ergibt sich

$$(4.79) \qquad e^{-\rho t_1} \left. \frac{\partial \dot{k}}{\partial u_1} + \frac{\partial h}{\partial u_1} \right|_{t_1} du = \sum_j \psi^{+j} dx$$

Für die linke Seite von (4.79) kann man auch schreiben: $\frac{\partial f_o}{\partial u_1}$ du (wegen 4.69), wobei wir zu berücksichtigen haben, daß es sich nicht um ein beliebiges du sondern um ein du gemäß (4.78) handelt. Man könnte das so zum Ausdruck bringen:

(4.8o) $$\left.\frac{\partial f_o}{\partial u_1}\right|_{t_1} du = df_o(dx)\Big|_{t_1} .$$

(4.79) in Verbindung mit (4.8o) machen nun die behauptete ökonomische Interpretationsmöglichkeit klar.

Zum Vorzeichen der ψ^{+j} läßt sich allgemein aus dem Gleichungssystem, welches sie definiert, keine Aussage herleiten. Es kann auch vorkommen, daß die Erhöhung einer Outputmengenforderung zu einer Kostensenkung führt. Geht man jedoch davon aus, daß die Outputgüter wertvoll sind, so läßt sich sagen, daß ein negatives ψ^{+j} darauf hindeutet, daß die Outputforderung unvernünftig ist, oder ineffiziente Produktion fordert. Da wir solche Forderungen ausschließen wollen, können wir also davon ausgehen, daß die ψ^{+j} nichtnegativ sind.

Aufgrunddessen können wir nun eine andere produktions- und kostentheoretische Aussage machen, nämlich daß die Instandhaltungsintensität immer bis zu dem Punkt mindestens ausgedehnt wird, bei dem sich ihre Kostenwirkungen und ihr momentaner, kurzfristiger Nutzen kompensieren, wenn unsere Plausibilitätsbetrachtung über das Vorzeichen der ψ^{i}, $i = 1, \ldots, n_2$ richtig ist. Dann sind nämlich sämtliche Summanden in (4.74) nichtnegativ außer vielleicht dem zweiten. Um der Optimalbedingung (4.74) zu genügen muß dieser aber dann nichtpositiv sein, woraus unsere kostentheoretische Aussage folgt. Bietet die Instandhaltung irgendwelche Vorteile bezüglich einer Ersparnis an diskreter Instandhaltung in t_1 bezüglich einer Verbesserung der z-Situation, die über Verbrauchs- bzw. Leistungsfunktionen wirksam wird oder bezüglich des momentanen Ausstoßes, so wird die Instandhaltungsintensität echt über den besagten Punkt hinaus gesteigert.

Wir wollen nun unsere Vermutung über das Vorzeichen der ψ^j überprüfen. Aus Anhang B, insbesondere den Überlegungen zu (B.4) gegen Ende dieses Anhanges wissen wir, daß die ψ^j die prix d'usage der Zustandsgrößen für eine feste Steuerung $u_1(\cdot)$ sind, das bedeutet: $\psi(t)^j$ gibt die Grenzersparnis an im Zeitraum $[t, t_1]$ anfallenden Kosten $\int_t^{t_1} f_o(\underline{\underline{z}}(\tau), u_1(\tau))\, d\tau$ an, die durch eine exogene Erhöhung der Zustandsvariablen $z(t)^j$ hervorgerufen würde. Dabei müssen auch die Ersparnismöglichkeiten berücksichtigt werden, die sich daraus ergeben, daß infolge des besseren Ausgangszustandes die Outputbedingung früher erreicht bzw. übererfüllt wird. Formal:

$$(4.81) \qquad \psi(t)^j = - \frac{\partial K_t(\zeta)}{\partial \zeta^j}$$

$$\text{mit} \quad K_t(\zeta) := \int_t^{t_1} [f_o(\underline{\underline{z}}(\tau), u_1(\tau)) - \sum_{j \in J} \psi^{+j}\, \eta(z(\tau), u_1(\tau))]\, d\tau,$$

unter den Bedingungen, daß

$$\dot{\underline{\underline{z}}} = \begin{pmatrix} f(z, u_1) \\ 1 \end{pmatrix}$$

$$\text{und} \qquad \underline{\underline{z}}(t) = \begin{pmatrix} \zeta \\ t \end{pmatrix}.$$

Ändert man den Anfangswert um $\varepsilon\Delta\zeta$ (darin bezeichnet $\Delta\zeta$ einen beliebigen Vektor des Zustandsraumes, der die Änderungsrichtung bestimmen soll und ε eine reelle Zahl) dann hat dies eine Veränderung des gesamten zukünftigen Zustandsverlaufes zur

Folge. Der geänderte Zustandsverlauf läßt sich schreiben als[35] $z(\tau) + \varepsilon\delta z(\tau) + o(\varepsilon)$, worin δz eine Funktion der Zeit ist, die durch die Änderungsrichtung $\Delta\zeta$ des Anfangswertes bestimmt ist gemäß folgender Differentialgleichung:

$$(4.82) \quad \frac{d(\delta z)}{dt} = \frac{\partial f}{\partial z}\,\delta z$$

mit der Anfangsbedingung $\delta z(t) = \Delta\zeta$.

Die geänderten Kosten infolge der Anfangszustandsänderung sind also:

$$\int_t^{t_1} [f_o\left((\underline{\underline{z}} + \begin{pmatrix}\varepsilon\delta z\\ \tau-t\end{pmatrix})(\tau),\ u_1(\tau)\right) - \sum_{j\in J} \psi^{+j}\ \eta(z(\tau),\ u_1(\tau))]\ d\tau$$

$$= \int_t^{t_1} (f_o(\underline{\underline{z}}(\tau),\ u_1(\tau)) + \left[\frac{\partial f_o}{\partial z} - \sum_{j\in J} \psi^{+j}\ \frac{\partial \eta^j}{\partial z}\right](\underline{\underline{z}}(\tau),\ u_1(\tau))\varepsilon\delta z(\tau)+o(\varepsilon))$$

Wählt man nun $\Delta\zeta$ so, daß die j-te Komponente gleich eins, alle übrigen null sind, so ergibt sich daraus ein spezieller Verlauf für δz. Damit erhält man aus obigem, daß die Grenzkosten einer Änderung der j-ten Zustandsvariablen

$$(4.83) \quad \frac{\partial K_t}{\partial \zeta j} =$$

$$= \int_t^{t_1} \left[\frac{\partial f_o}{\partial z} - \sum_{j\in J} \psi^{+j}\ \frac{\partial \eta^j}{\partial z}\right] (\underline{\underline{z}}(\tau),\ u_1(\tau))\ \delta z(\tau))\ d\tau$$

35) Vgl. etwa *Pontrjagin* et al [Theorie ²1967], S. 84 f.

sind, wobei $\delta z(\tau)$ dem für jedes j speziellen jeweils anderen Verlauf folgt; $\psi(t)^j$ ist dann das Negative dieser Grenzkosten.

Um nun unsere Vermutung über das Vorzeichen der ψ^j zu überprüfen, untersuchen wir das Integral in (4.83). Wir benötigen dazu den Verlauf von δz, über den (4.82) Aufschluß gibt. (4.82) lautet, etwas ausführlicher und für eine Komponente von δz geschrieben:

$$(4.84) \qquad \frac{d}{dt}\,\delta z^j = \sum_i \frac{\partial f^j}{\partial z^i}\,(\delta z)^i$$

Daraus ersieht man, da wegen (4.43), $\frac{\partial f^j}{\partial z^i} \geq 0$, daß $\frac{d}{dt}\,\delta z^j$ nichtnegativ sein muß, da $(\delta z)^i$ positiv vorausgesetzt war. Das bedeutet, ein positives $(\delta z)^i(t)$ kann nur zu nichtnegativen $(\delta z)(\tau)^j$, $(\tau > t)$, führen. Beachtet man nun noch, daß $\frac{\partial \dot{k}}{\partial z} \leq 0$, $\frac{\partial h}{\partial z} \leq 0$, $\psi^+ \geq 0$ und $\frac{\partial \eta^j}{\partial z} \geq 0$ für $j \in J$, der Menge der Outputgüterarten, so zeigt sich, daß $\frac{\partial f_o}{\partial z^j} - \sum_{\nu \in J} \psi^{+\nu} \frac{\partial \eta^\nu}{\partial z^j} \leq 0$ und damit, daß für Variationen des Leistungstrends $z^j(t) = \zeta^j$ die Grenzkosten $\frac{\partial K_t}{\partial \zeta^j} \leq 0$ sind und daß deswegen $\psi(t)^j$ nichtnegativ sein muß. Damit erweist sich unsere Vermutung bezüglich des Vorzeichens der ψ-Komponenten als richtig. Betrachtet man weiter (4.73), das Gesetz der Entwicklung von ψ, so zeigt sich auch, daß $\dot{\psi} \leq 0$ sein muß, daß also der Nutzungswert, der in einem guten Zustand des Aggregates liegt mit der Zeit monoton (nicht notwendig streng monoton) abnimmt.

Machen wir uns die Bedeutung von (4.73) für den Substitutionszusammenhang zwischen Instandhaltung und laufendem Faktorverbrauch klar! Ist die Momentankostenfunktion sehr empfindlich gegenüber einer Zustandsvariablen z^i, d.h. ist $\frac{\partial h}{\partial z^i}$ betragsmäßig groß, so ist der entsprechende Summand in (4.73) stärker negativ und ceteris paribus bewegt sich ψ^i schneller auf die Null zu. Wegen des vorbestimmten Endwertes $\psi(t_1)^i = 0$ bedeutet dies aber, daß $\psi(0)^i$ je weiter von null entfernt sein muß, desto empfindlicher die Kostenverbrauchsfunktion h der Zustandsvariablen z^i gegenüber ist. Der Schaden, der durch einen schlechten Zustand z^i hervorgerufen wird, ist bei empfindlichem h groß und Instandhaltung erscheint lohnender als bei unempfindlichem h, denn in (4.74) werden durch das größere ψ^i die $\frac{\partial f^i}{\partial u^\ell}$ stärker gewichtet; (u^ℓ meint die Instandhaltungsintensitäten, die eine weitere Verschlechterung des Zustands z^i effektiv bremsen können. Da die Instandhaltungskosten linear in h eingehen, beeinträchtigen sie diese Überlegungen nicht).

Eine ähnliche Betrachtung, wie sie für eine Zeile von (4.74) angestellt wurde, in der die Ableitungen nach einer Instandhaltungsintensität stehen, kann man auch für Zeilen anstellen, die sich auf Inanspruchnahmeintensitäten beziehen. Nur läßt sich in diesem Falle über die Vorzeichen der einzelnen Summanden nicht mehr allzuviel aussagen. Lediglich für die Kostenverbrauchsfunktion, den zweiten Summanden also, läßt sich aufgrund von (4.49) sagen, daß er negativ oder null ist. (4.74) kann dann für eine Inanspruchnahmeintensität wie folgt interpretiert werden: Der Grenzkostenverbrauch infolge erhöhter Inanspruchnahme, vermehrt um etwa hervorgerufene Mehrkosten für Reparaturen in t_1, vermindert um etwa hervorgerufene Ersparnisse an diesen Reparaturkosten, weiterhin vermehrt um die Auswirkung etwa durch die intensivere Inanspruchnahme hervorgerufener Zustandsverschlechterungen bzw. vermindert um die Auswirkung etwa durch sie hervorgerufener Zustandsverbesserungen, jeweils auf die Gesamtkosten der Periode

$[0, t_1]$ für die optimale starre kontinuierliche Steuerung, muß gerade aufgewogen werden durch den Wert der - bei einigen Produktarten sicher auftretenden - Mehrproduktion infolge erhöhter Inanspruchnahme, vermindert um etwa auftretende Ausbringungseinbußen bei den übrigen Produktarten, bewertet zu Grenzkostensätzen einer Erhöhung der Ausbringungsforderung.

In dieser Interpretation von (4.74) und der vorher angestellten Betrachtung derselben Bedingung für Instandhaltungsintensitäten kommt der Substitutionszusammenhang für die gemachten speziellen Annahmen zum Ausdruck. Folgende Substitutionsmöglichkeiten bestehen im einzelnen: Man kann durch intensivere Instandhaltung der kontinuierlichen Art diskrete Maßnahmen hinauszögern bzw. einsparen; man kann durch dasselbe die Zustandsverschlechterung verlangsamen, was zu vermindertem Momentanverbrauch an Verbrauchsfaktoren oder zu erhöhter Momentanausbringung führen kann, weshalb die Inanspruchnahmeintensität gesenkt werden kann. Außerdem kann man zeitlich substituieren, denn infolge der Outputbedingung (4.63) spielt es keine Rolle, ob man am Anfang mehr und am Ende weniger oder umgekehrt produziert; für die Kosten ist dies jedoch von Bedeutung. Auf die optimale Bestimmung der Inanspruchnahme wie auch der Instandhaltung im Laufe der Zeit kommen wir noch.

Aufgrund unserer Ausgangshypothesen ist es allerdings keineswegs sicher, daß die Hamiltonfunktion über U_1 überhaupt ein inneres Maximum besitzt; Bedingung (4.74) braucht daher nirgends erfüllt zu sein. Das Maximumprinzip fordert jedoch auch dann, daß die Hamiltonfunktion ein globales Maximum annimmt für $\omega_1 = u_1^*(t)$. Unter unseren Ausgangshypothesen liegt dann ein Problem der nichtlinearen Programmierung vor. Wenn aber $\dot{k}$ und h als Funktionen von u_1 konvex, die f^i und die η^j, $(j \in J)$

dagegen konkav sind, kann man folgern, daß die Hamiltonfunktion konkav ist als Funktion von u_1. Demnach kann ihr Maximum wie folgt charakterisiert werden: Entweder es gilt (4.74) oder das Maximum liegt auf dem Rand von U_1, wobei einzelne $\frac{\partial H}{\partial u^i}$ positiv sind, keines jedoch negativ. Treten mehrere u^i nur in einer gemeinsamen Summenbeschränkung auf, so müssen die entsprechenden $\frac{\partial H}{\partial u^i}$ gleich sein.

Zur Verdeutlichung der optimalen zeitlichen Substitutionen, die durch das hier behandelte System beschrieben werden, sei nun ein sehr spezieller Fall betrachtet: Angenommen, man hat nur zwei kontinuierliche Steuerungsparameter zur Verfügung und zwar eine Inanspruchnahmeintensität u^I und eine Instandhaltungsintensität u^{II}. Für die Inanspruchnahmeintensität nehmen wir an, daß es sich um eine Intensität zeitlicher Inanspruchnahme handelt, d.h., daß nur zeitliche Anpassung möglich ist und zwar mit der Maßgabe, daß alle Momentanverbrauchs- und Momentanleistungsfunktionen für beliebigen Zustand z(t) und beliebiges $u^{II}(t)$ in $u^I(t)$ linear ansteigend sind, die Zustandsänderungsfunktionen dagegen linear fallend. Verschlechtern sich die Zustandsvariablen, so werden $\dot{k}$, h und die η^j, j ∈ J gegenüber einer Änderung von u^I empfindlicher werden, d.h. $\frac{\partial \dot{k}}{\partial u^I}$, $\frac{\partial h}{\partial u^I}$ werden mit abnehmendem z^i steigen, $\frac{\partial \eta^j}{\partial u^I}$, (j ∈ J), dagegen sinken. Da bei der Verschleißgeschwindigkeit f derartige Tendenzen nicht so eindeutig auszumachen sind, nehmen wir an, daß $\frac{\partial f}{\partial u^I}$ als Funktion von z für jedes u_1 konstant ist. In ähnlicher Weise erhöht auch eine Reduzierung der Instandhaltungsintensität die Empfindlichkeit von $\frac{\partial \dot{k}}{\partial u^I}$, $\frac{\partial h}{\partial u^I}$ (diese werden dann steigen) und $\frac{\partial \eta^j}{\partial u^I}$, (j ∈ J) (diese werden betragsmäßig steigen, d.h. da sie negativ sind, abnehmen.) Hier erscheint bezüglich der $\frac{\partial f^j}{\partial u^I}$ plausibel, anzunehmen, daß sie als Funktionen von u^{II} ebenfalls mit Reduzierung von u^{II} empfindlicher werden, d.h. abnehmen. Für die Instandhaltungsintensität u^{II} dagegen nehmen wir an, daß $\frac{\partial \dot{k}}{\partial u^{II}}$, $\frac{\partial h}{\partial u^{II}}$, $\frac{\partial f}{\partial u^{II}}$ und $\frac{\partial \eta^j}{\partial u^{II}}$ $(j \in J)$ vom Zustand unabhängig sind. Ist $u^I(t) = 0$ so ist auch $\frac{\partial h}{\partial u^{II}} - c_{II} = 0$ und es sind alle $\frac{\partial \eta^j}{\partial u^{II}} = 0$, denn wenn nicht produziert wird, hat die Instandhaltung keine Wirkung auf Momentanverbrauch und Momentanausbringung. Weiterhin sind auch $\frac{\partial \dot{k}}{\partial u^{II}}$ und $\frac{\partial h}{\partial u^{II}}$ linear fallend in u^I, $\frac{\partial f}{\partial u^{II}}$ und $\frac{\partial \eta^j}{\partial u^{II}}$ $(j \in J)$ dagegen linear ansteigend in u^I. Das bedeutet, höhere Instandhaltungsintensität wirkt sich bei Ausdehnung der Betriebszeit einfach länger aus und zwar proportional zur Erhöhung des Betriebszeitanteils an der Kalenderzeitperiode $[0, t_1]$. Höhere Nutzungsintensität intensiviert auch die Instandhaltungswirkung.

Als Beispiel für Instandhaltungsintensitäten, bei denen die Unabhängigkeit der Funktionen $\frac{\partial \dot{k}}{\partial u^{II}}$, $\frac{\partial h}{\partial u^{II}}$, $\frac{\partial f}{\partial u^{II}}$ und $\frac{\partial \eta^j}{\partial u^{II}}$ vom Zustand wenigstens näherungsweise angenommen werden kann, sei die Häufigkeit von Einstelloperationen oder des Auswechselns von Verschleißteilen erwähnt.

Wegen (4.39), (4.41) und (4.44) ist unter diesen Umständen die Hamiltonfunktion konkav als Funktion von $u_1 = \begin{pmatrix} u^I \\ u^{II} \end{pmatrix}$.

Außerdem sind für die Intensitäten u^I, u^{II} feste obere und untere Schranken zu berücksichtigen: $0 = \underline{u}^I \leq u^I(t) \leq \bar{u}^I$ und $\underline{u}^{II} \leq u^{II}(t) \leq \bar{u}^{II}$ für alle $t \in [0, t_1]$. Für jeden Zeitpunkt t muß nun gemäß (4.74) bzw. (4.76) für die optimalen Intensitäten u^ℓ, $\ell \in \{I, II\}$, folgende Bedingung gelten[36]:

---

36) Darin und im folgenden bezeichnet ψ^+ den Vektor, dessen j-te Komponente gleich ψ^{+j} ist, für $j \in J$ und gleich null für $j \notin J$.

(4.85)

$$u^{I*}(t) = \begin{cases} \bar{u}^{I}, \text{ falls (a) } e^{-\rho t_1} \dfrac{\partial \dot{k}}{\partial u^{I}} + e^{-\rho t} \dfrac{\partial h}{\partial u^{I}} + \\ \qquad - \psi^{T} \dfrac{\partial f}{\partial u^{I}} < (\psi^{+})^{T} \dfrac{\partial \eta}{\partial u^{I}}, \\ 0, \text{ falls (b) } e^{-\rho t_1} \dfrac{\partial \dot{k}}{\partial u^{I}} + e^{-\rho t} \dfrac{\partial h}{\partial u^{I}} + \\ \qquad - \psi^{T} \dfrac{\partial f}{\partial u^{I}} > (\psi^{+})^{T} \dfrac{\partial \eta}{\partial u^{I}}, \end{cases}$$

jeweils für alle $\omega^{I} \in [0, \bar{u}^{I}]$;

$$u^{II*}(t) = \begin{cases} \bar{u}^{II}, \text{ falls (a) } c_{II}\, e^{-\rho t} < \psi^{T} \dfrac{\partial f}{\partial u^{II}} + \\ \qquad + (\psi^{+} - We^{-\rho t})^{T} \dfrac{\partial \eta}{\partial u^{II}} - e^{-\rho t_1} \dfrac{\partial \dot{k}}{\partial u^{II}} \\ \underline{u}^{II}, \text{ falls (b) } c_{II}\, e^{-\rho t} > \psi^{T} \dfrac{\partial f}{\partial u^{II}} + \\ \qquad + (\psi^{+} - We^{-\rho t})^{T} \dfrac{\partial \eta}{\partial u^{II}} - e^{-\rho t_1} \dfrac{\partial \dot{k}}{\partial u^{I}} \\ \qquad \text{jeweils für alle } \omega^{II} \in [\underline{u}^{II}, \bar{u}^{II}]; \\ \omega^{II}, \text{ falls (c) } c_{II}\, e^{-\rho t} = \psi^{T} \dfrac{\partial f}{\partial u^{II}} + \\ \qquad + (\psi^{+} - We^{-\rho t})^{T} \dfrac{\partial \eta}{\partial u^{II}} - e^{-\rho t_1} \dfrac{\partial \dot{k}}{\partial u^{I}} \\ \qquad \text{für ein } \omega^{II} \in [\underline{u}^{II}, \bar{u}^{II}]. \end{cases}$$

In den (Un)gleichungen, nach denen die Fälle in (4.85) unterschieden werden, stehen auf der linken Seite immer die Grenzkosten, auf der rechten der Grenznutzen einer Erhöhung der jeweiligen Intensität. Wenn wir im folgenden den möglichen Verlauf der optimalen Politik $u_1(\cdot) = \begin{pmatrix} u^I(\cdot) \\ u^{II}(\cdot) \end{pmatrix}$ diskutieren, so ist der Zweck nicht, zu endgültigen Aussagen zu kommen, sondern nur die gegenseitigen Einwirkungen der Beziehungen des Systems ökonomisch zu erläutern und die ökonomischen Einflußgrößen und ihre Wirkung sichtbar zu machen. Wollte man mehr anstreben, so wäre das System genauer zu spezifizieren und zu lösen, was jedoch für ein so spezielles, dazu noch konstruiertes Beispiel nicht lohnend erscheint.

Nehmen wir an, in einem Zeitpunkt t seien das optimale $z^*(t)$, das optimale $\psi^*(t)$ und außerdem seien die optimalen $(\psi^+)^*$ so, daß sowohl für u^I als auch für u^{II} der Fall (a) von (4.85) gegeben ist. Wie kann sich nun der Prozeß weiterentwickeln, wie kann die optimale Politik aussehen?

Dies hängt davon ab, wie sich z^* und ψ^* in der Zeit bewegen und ob sie einen Zeitpunkt herbeiführen, zu dem in Bedingung (4.85) nicht mehr Fall (a) für beide Intensitäten gilt. Für u^I kann dies aufgrund folgender Tendenzen der Fall sein. Infolge des Verschleißes sinkt $\frac{\partial \eta}{\partial u^I}$ mit der Zeit. Ebenso infolge des Verschleißes steigt $e^{-\rho t_1} \frac{\partial \dot{k}}{\partial u^I}$ mit der Zeit wie auch $\frac{\partial h}{\partial u^I}$. Diese Tendenzen führen dazu, daß der Spielraum in der Ungleichung (a) geringer wird. Allerdings wirken auch zwei Tendenzen dem entgegen: Verzinsungsbedingt wird das Ansteigen von $\frac{\partial h}{\partial u^I}$ abgemildert und da $\dot{\psi}$ nichtpositiv ist wie auch $\frac{\partial f}{\partial u^I}$, nimmt $- \psi^T \frac{\partial f}{\partial u^I}$ mit der Zeit nicht zu. (Hier geht die Unabhängigkeit der Funktion $\frac{\partial f}{\partial u^I}$ von z ein.) Auch hierher kann also eine entgegengesetzt wirkende Tendenz rühren. Diese Tendenz erklärt sich so: Die Zustandsvariablen werden mit der Zeit immer weniger wertvoll, daher verdienen sie anfangs relativ mehr Schonung als gegen Ende.

Es ist nicht auszuschließen, daß bis zum Ende t_1 der Periode Fall (a) für u^I erhalten bleibt, auch wenn nicht in der ganzen Periode produziert wird. Dann nämlich, wenn der Zinseinfluß und der Einfluß der sinkenden prix d'usage für die Zustandsvariablen den Einfluß des Verschleißes auf laufende Produktionskosten, Reparaturkosten in t_1 und Leistungsminderung überwiegt. Dann kann am Anfang für u^I Fall (b) von (4.85) gegeben sein und erst mitten in der Periode Fall (a) eintreten. Ist umgekehrt der Zinseinfluß schwach und sind Leistung und Verbrauch stark zustandsabhängig, dann lohnt es sich, den guten Zustand der Anlage am Anfang zur Produktion auszunutzen und es wird ein Zeitpunkt kommen, in dem die Situation von Fall (a) nach Fall (b) überwechselt.

Bei diesen Überlegungen wird übrigens erneut die Rolle der ψ^{+j} als optimale prix d'usage, als Bewertungsfaktoren der Produkte deutlich. (4.85) besagt schließlich nichts anderes, als daß nur dann produziert wird, wenn die linke Seite der Ungleichungen niedriger ist als die rechte, wenn also die Grenzkosten geringer sind als die Grenzausbringung bewertet zu den prix d'usage.

Wovon aber hängt nun die Bewegung der ψ^j in der Zeit ab, wenn wir von der angenommenen Situation ausgehen? Maximale Inanspruchnahme und Instandhaltung haben Folgen für diese Bewegung. Um diese Folgen abzuschätzen, benötigt man Annahmen über $\frac{\partial}{\partial z}\left(\frac{\partial \dot{k}}{\partial z^i}\right)$, $\frac{\partial}{\partial z}\left(\frac{\partial f^j}{\partial z^i}\right)$, $\frac{\partial}{\partial z}\left(\frac{\partial h}{\partial z^i}\right)$ und $\frac{\partial}{\partial z}\left(\frac{\partial \eta^j}{\partial z^i}\right)$. Nimmt man an, daß die Kostenfunktionen $\dot{k}$ und h mit der Verschlechterung der Zustandsvariablen überproportional zunehmen, bzw. daß die Momentanleistungsfunktionen η^j und die Funktionen f für die Entwicklung der Zustandsvariablen überproportional abnehmen, so bedeutet dies, daß jede Zustandsverschlechterung eine Tendenz zur Verstärkung mit sich bringt. Die Plausibilität der Annahme, daß die Komponenten der Vektoren $\frac{\partial}{\partial z}\left(\frac{\partial \dot{k}}{\partial z^i}\right)$ und $\frac{\partial}{\partial z}\left(\frac{\partial h}{\partial z^i}\right)$ sämtlich positiv sind, die der Vektoren $\frac{\partial}{\partial z}\left(\frac{\partial f^j}{\partial z^i}\right)$ und $\frac{\partial}{\partial z}\left(\frac{\partial \eta^j}{\partial z^i}\right)$ dagegen sämtlich negativ, kann man sich aufgrund der vorausgesetzten Verstärkungstendenz der Zustandsverschlechterung an folgenden Abbildungen verdeutlichen.

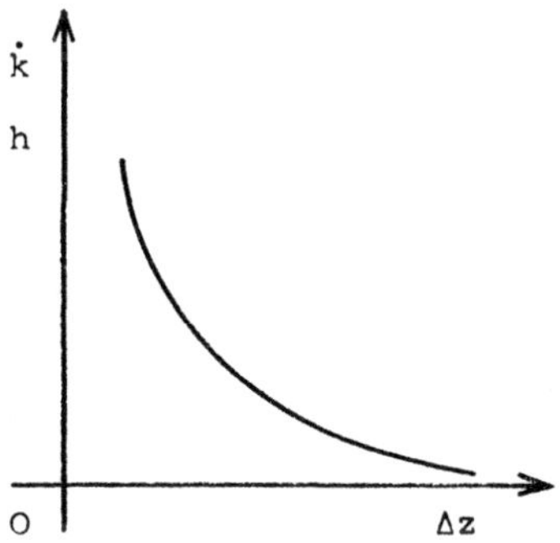

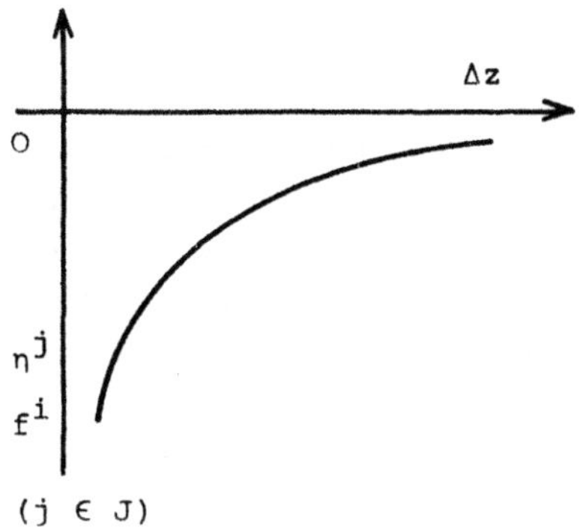

Diese Verläufe sollen sich ergeben, wenn man in beliebiger Richtung Δz mit nichtnegativen Koordinaten im Zustandsraum einen Schnitt durch das entsprechende Funktionsgebirge legt. (Der Zustandsraum darf für die graphische Darstellung dann natürlich höchstens zwei Dimensionen haben.) Die Verschlechterung der z^i führt dann gemäß (4.73) zu einer Abnahme der $\dot{\psi}^i$, denn die Ableitung der $\dot{\psi}^i$ nach den z^j ist positiv und die z^j nehmen ab. Das bedeutet aber, da die $\dot{\psi}^i$ ohnehin negativ sind, eine Tendenz zu beschleunigter Abnahme der ψ^i.

Der - wenn auch zunehmende - Beitrag der $\frac{\partial f^j}{\partial z^i}$ zu $\dot{\psi}^i$ wird dabei allerdings von immer geringerer Bedeutung, da die ψ^j mit der Zeit abnehmen, so daß man nicht behaupten kann, daß die Abnahme der ψ^j sich in der Zeit tatsächlich beschleunigt. Eines ist aber klar: Wenn u^I in einem Zeitpunkt größer gewählt wird, dann fallen die ψ^j stärker, ebenso, wenn u^{II} kleiner gewählt wird. (Das gilt natürlich nur für solche ψ^j, deren zugehörige z^j erstens dem Verschleiß unterliegen und zweitens sich kostensteigernd oder leistungsmindernd auswirken, wenn sie abnehmen.) Diese Abhängigkeit der Abnahme der ψ^j von u^I und u^{II} erklärt sich daraus, daß hohes u^I via f die Zustandsverschlechterung beschleunigt, während hohes u^{II} sie bremst.

Setzen wir nun für den Augenblick die Annahme, daß der Zinseinfluß ziemlich schwach ist (ρ klein), der Einfluß des Verschleißes auf Kosten und Leistung dagegen erheblich, ebenso wie der Einfluß des Verschleißes auf seine eigene Beschleunigung und die Wirksamkeit der Instandhaltung, ausgedrückt durch $\frac{\partial f}{\partial u^{II}}$ erheblich sei. Welcher Verlauf des optimalen Prozesses ergibt sich nun, immer noch unter der Annahme in einem Zeitpunkt t gelte sowohl für u^I wie für u^{II} der Fall (a) von (4.85). Der Schlupf in der Ungleichung für u^{II} wird nun abnehmen, denn die linke Seite wird langsamer sinken als die rechte. Die rechte Seite sinkt nur infolge des Sinkens der ψ^j und zinsbedingt bei den Ersparnissen am laufenden Faktorverzehr, da wir Unabhängigkeit von $\frac{\partial f}{\partial u^{II}}$, $\frac{\partial h}{\partial u^{II}}$ und $\frac{\partial \eta}{\partial u^{II}}$ vom Zustand vorausgesetzt hatten - wir betrachten den Prozeß vorerst nur für die Zeit, während der für u^I noch Fall (a) von (4.85) gilt, solange also mit Maximalintensität u^I produziert wird. Die Abnahme der ψ^j macht sich in der Bedingung für u^{II} als schlupfvermindernd, in der Bedingung für

u^{I} dagegen als schlupfvergrößernd bemerkbar. Dennoch kann infolge der übrigen Terme der Schlupf auch in dieser Bedingung abnehmen. Zwei Fälle sind nun zu betrachten: Entweder für u^{I} oder für u^{II} wird Fall (a) zuerst verlassen. Geschieht dies zunächst für u^{II}, so wird hier Fall (c) eintreten. Hier führt nun das Sinken der ψ^{j} dazu, daß die $\frac{\partial f^{j}}{\partial u^{II}}$ steigen müssen, um die Bedingung einzuhalten; $\frac{\partial f^{j}}{\partial u^{II}}$ steigt aber wegen der Annahme sinkenden Grenznutzens der Instandhaltung (vgl.(4.44)) für sinkendes u^{II}. Das optimale u^{II} sinkt also allmählich. Das führt nun aber zu einer Beschleunigung des Verschleißes, zu einer Steigerung der laufenden Faktorverzehre und zu einer Leistungsminderung. Beides führt nun aber zu einer Verminderung des Schlupfes in der Ungleichung (a) in (4.85) für die Inanspruchnahmeintensität u^{I}, bedeutet also eine Tendenz zur Produktionseinstellung hin. Wird nun die Produktion tatsächlich eingestellt, (gemeint ist: wird das optimale u^{I} null, weil Fall (b) eintritt), dann bedeutet dies, daß $\frac{\partial n}{\partial u^{II}}$ null wird, was eine sprungweise Senkung der optimalen Instandhaltungsintensität zur Folge hat, denn nun müssen die Terme $\psi^{T} \frac{\partial f}{\partial u^{II}} - e^{-\rho t_1} \frac{\partial \dot{k}}{\partial u^{II}}$ gemäß Bedingung (c) die Grenzkosten $c_{II}\, e^{-\rho t}$ ohne Mithilfe des Terms, der $\frac{\partial n}{\partial u_{II}}$ enthält, aufwiegen. Dies mag mit einem $\omega^{II} \in [\underline{u}^{II}, \bar{u}^{II}]$ vielleicht nicht mehr möglich sein, so daß auch für u^{II} Fall (b) von (4.85) eintritt.

Eine typische Variante dieses beschriebenen Verlaufes besteht darin, daß Fall (b) für u^{II} bereits erreicht wird, bevor Fall (a) für u^{I} verlassen wird. Dies ist insbesondere dann zu erwarten, wenn die Wirkung des Sinkens der ψ^{j} dominiert, da dies die optimale Instandhaltung - wie wir sahen - tendentiell verringert, den Schlupf der Ungleichung (a) für die Inanspruchnahme aber erhöhen kann. Dies ist der typische Fall des *Boiteux*-Effektes. Er setzt voraus, daß die unmittelbare Wirkung der Instandhaltung auf laufende Produktionskosten, Outputleistung und Reparaturkosten am Ende (in t_1) gegenüber dem Einfluß des Zustandes auf laufende Produktionskosten und Outputleistung von geringerer Bedeutung ist.

Der andere Fall, der zu betrachten war, liegt vor, wenn die optimale Produktionsintensität zuerst null wird, ehe die optimale Instandhaltung abnimmt. Dieser Fall kann nur auftreten, wenn $\dot{k}$ eine große Bedeutung zukommt. Vernachlässigen wir nämlich $\dot{k}$, dann muß laut (4.85) gelten:

$$(4.86) \qquad c_{II}\, e^{-\rho t} < \psi^T \frac{\partial f}{\partial u^{II}} ,$$

das besagt aber, daß ψ noch positive Komponenten haben muß. Betrachtet man dagegen (4.73) für diese Situation, dann ist

$$(4.87) \qquad \dot{\psi}^T = - \psi^T \frac{\partial f}{\partial z} ,$$

alle übrigen Terme sind null. Dieses homogene Differentialgleichungssystem kann aber niemals die Endbedingung $\psi(t_1) = 0$ treffen, wenn der Anfangswert positive Komponenten aufweist. (Alle ψ-Komponenten sind - wie wir sahen - ja nichtnegativ und alle Komponenten der *Jacobi*-Matrix $\frac{\partial f}{\partial z}$ ebenfalls.)

Denkbar wären nun noch Fälle, in denen es optimal ist, am Anfang minimale Instandhaltungs- und/oder Inanspruchnahmeintensitäten vorzusehen und diese später zu steigern. Dies setzt aber voraus, daß der Zinseinfluß stark ist. Die Instandhaltungskosten werden ja zinsbedingt geringer, wenn man sie hinausschiebt, ebenso die laufenden Produktionskosten, während der Zinseinfluß weder für die Outputbedingung noch für k eine Rolle spielt. Wir wollen diesen Fall jedoch nicht näher behandeln, weil ihm nach den weiter oben gemachten Ausführungen zum Kalkulationszinsfuß kaum Relevanz zukommen dürfte.

Mit diesen Überlegungen zum Problem der optimalen simultanen zeitlichen Inanspruchnahme- und Instandhaltungspolitik ist dieses natürlich bei weitem noch nicht gelöst. Sie mögen aber etwas Licht in die Zusammenhänge gebracht haben, die dabei zu beachten sind.

Nun würde eigentlich noch die Aufgabe verbleiben, die Annahme eines im vorhinein fixierten t_1 aufzugeben. Dazu müßten wir auf die Zielfunktion (4.64) zurückgreifen und für diese ohne die von dem fixierten t_1 herrührenden Vereinfachungen ein f_o entwickeln, die Hamiltonfunktion und die Differentialgleichungen für die adjungierten Variablen angeben und entsprechend diskutieren. Anstatt der Bedingung $z^{n_2+1}(t_1) = t_1$ würde die Bedingung treten $\psi^{n_2+1}(t_1) = 0$,

so daß wir genötigt wären, uns auch mit dem Verlauf von $\psi^{n_2+1}(\cdot)$ bzw. mit $\dot{\psi}^{n_2+1}$ zu befassen. Das Resultat wäre ein simultanes Optimierungsmodell für die optimale Politik $u_1(\cdot)$ für $[0, t_1]$ und das optimale t_1.

Man gelangt jedoch auch auf einem einfacheren Weg zu einer zusätzlichen Bedingung für das optimale t_1, die ja benötigt wird, um die Bedingung des festgegebenen t_1 zu ersetzen, deren Rolle in dem von uns bisher diskutierten System von Differentialgleichungen mit Randbedingungen und der Hamiltonfunktion mit Maximumbedingung.

Zu diesem Zweck kann man nämlich - unter der Voraussetzung man nimmt an, daß der Kapitalwert aller Kosten bei optimalen Entscheidungen in t_1 derselbe sein wird wie im gegenwärtigen Planungszeitpunkt t = 0 - die Zielfunktion (4.64) sofort nach t_1 differenzieren und die Ableitung null setzen. Man erhält:

$$(4.88) \quad \frac{d}{dt_1} C =$$

$$= \frac{(\dot{k} - \rho k + h)e^{-\rho t_1}(1 - e^{-\rho t_1}) - (ke^{-\rho t_1} \int_0^{t_1} he^{-\rho t} dt)\rho e^{-\rho t_1}}{(1 - e^{-\rho t_1})^2}$$

$$= 0$$

und nach Vereinfachen:

$$(4.89) \quad \dot{k} + h = \frac{\rho(k(1 + e^{-\rho t_1}) \int_0^{t_1} he^{-\rho t} dt)}{1 - e^{-\rho t_1}} \equiv \rho(C + k)$$

worin man unschwer das Prinzip der Theorie des optimalen Ersatzzeitpunktes wiedererkennt, nach dem eine Anlage solange weiterzubeschäftigen ist, bis ihre Grenzkosten in bezug auf die Zeit gleich den Zinsen auf den Kapitalwert des gesamten Auszahlungsstromes der Kette der Ersatzanlagen sind [37].

37) Vgl. etwa *Schneider*, [Nutzungsdauer, 1961], S. 55.

In (4.88) und (4.89) müssen natürlich k, $\dot{k}$ und h als mittelbare Funktionen der Zeit t_1 dem oben diskutierten System gehorchen. D.h. k, $\dot{k}$ und h müssen die Werte haben, die sie bei der für das optimale t_1 sich ergebenden optimalen Steuerung erhalten. Für h benötigt man sogar den ganzen optimalen Zeitpfad.

Zusätzlich soll angenommen werden, daß die Outputbedingung nicht für spätere Zeitpunkte t_1 geringere Ausbringungsmengen vorschreibt als für frühere. Die Funktion X in (4.63) soll also nur monoton nicht abnehmende Komponenten haben. Sonst kann die Bedingung ein relatives Kostenmaximum liefern. Notwendig für ein Optimum ist weiterhin, daß die linke Seite von (4.89) in t_1 als Funktion von t_1 eine positive Ableitung hat, falls diese Ableitung existiert. In einzelnen Zeitpunkten braucht diese Ableitung nicht zu existieren, nämlich dann nicht, wenn u_1 eine Sprungstelle hat. In diesem Fall muß die rechtsseitige Ableitung, die jedenfalls existiert, positiv sein. (Gemeint ist mit der Ableitung nach t_1 die Änderungsrate der für verschobenes t_1 optimalen $\dot{k}$ bzw. h, nicht also die Ableitung nach t für ein festes t_1.)

Aus dieser Ableitung in Verbindung mit (4.89) betrachtet, lassen sich übrigens Rückschlüsse auf Obsoleszenzwirkungen ziehen, indem man - wie weiter oben, im Anschluß an die Darstellung des *Terborgh-Smith*-Ansatzes vorgeschlagen - für t_1 eine Sensitivitätsanalyse durchführt, indem man in (4.89) C durch eine für ein Intervall "um das optimale t_1 herum" anzugebende Schätzung $\tilde{C}$ ersetzt. Existiert nun die Ableitung von (4.89) nach t_1 und ist sie klein, so reagiert t_1 auf eine Verschiebung von $\tilde{C}$ empfindlich, ist sie groß, so reagiert t_1 wenig empfindlich. Existiert sie nicht, so ändert sich das optimale t_1 zunächst überhaupt nicht und reagiert erst dann, wenn $\rho(\tilde{C} + k)$ mit der linksseitigen Ableitung gleichgesetzt werden kann. (Dabei gehen wir davon aus, daß die Ableitung von $\dot{k}$ + h nach t_1, wo sie existiert monoton nicht fallend ist. Wäre dies nicht der Fall, so könnte Bedingung (4.89) das optimale t_1 nicht kennzeichnen.) Diese Eigenschaft läßt sich auch begründen und zwar aus der Annahme, daß Zustandsverschlechterungen eine Verstärkungstendenz aufweisen. Das optimale t_1 wird dann unempfindlich sein (die relevante Ableitung wird dann relativ groß sein), wenn es optimal ist, das Betriebsmittelaggregat bis zu einem schlechten Zustand hin zu nutzen, bevor es ersetzt wird.

Dies bedeutet andererseits, daß der Verlust, der entsteht, wenn man den optimalen Zeitpunkt t_1 um eine bestimmte Zeitspanne verpaßt, bei relativ schlechtem Zustand des Aggregates höher ist, als wenn für das Aggregat schon in verhältnismäßig gutem Zustand die diskrete Instandhaltungsaktion optimal ist. Anhand verwandter Überlegungen läßt sich auch prüfen, wie groß der Gesamtkostenvorteil einer infolge technischem Fortschritt anderen Neuanlage mindestens sein muß, falls sofortiger Ersatz optimal sein soll. Derartige Überlegungen sind jedoch von der Ersatztheorie her geläufig, so daß darauf hier nicht näher eingegangen werden soll.

Kurz angedeutet sei nun noch, welche Änderungen des bisher diskutierten Modellansatzes notwendig werden, wenn man die Outputbedingung (4.63) durch eine Bedingung der Form (4.62) ersetzt. In diesem Fall reicht der in Anhang B angegebene Satz zur Kennzeichnung der optimalen Politik nicht mehr aus und man benötigt einen allgemeineren. Wir wollen diesen Satz hier nicht explizit formulieren [38], sondern nur die Änderun-

---

38) Er findet sich bei *Stöppler*, [Produktionstheorie, 1972], S. 94 in einer noch allgemeineren Form, als sie hier benötigt wird oder bei *Bryson - Ho*, [Optimal Control, 1969]; siehe hier insbes. S. 117.

gen der Optimalbedingungen gegenüber dem Fall für eine Outputforderung der Form (4.63) angeben. An die Stelle der Hamiltonfunktion (4.7o) tritt nun die verallgemeinerte Hamiltonfunktion

$$(4.9o) \quad H = - f_o + \psi^T f + \psi^{n_2+1} + (\psi^+)^T (\eta - \dot{x})$$

Darin sind die ψ^{+j} aber keine Konstanten mehr, sondern *Kuhn-Tucker*-Multiplikatoren, die mit der Zeit veränderlich sind; sie werden auch nicht durch Differentialgleichungen bestimmt. Für sie gilt:

$$(4.91) \quad \psi^{+j}(t) \begin{cases} > 0 \text{ falls (a) } \eta(z(t), u_1(t)) = \dot{x}(t) \\ = 0 \text{ falls (b) } \eta(z(t), u_1(t)) > \dot{x}(t) \end{cases}$$

Das Differentialgleichungssystem (4.73) bleibt zwar formal in Kraft, nur muß man bedenken, daß die ψ^{+j} nun keine Konstanten mehr sind. Dasselbe gilt für die Maximumbedingungen der Hamiltonfunktion. Gilt für einen Zeitpunkt t in (4.91) der Fall (b), so bestimmt die Maximumbedingung $u_1(t)$ wie gewöhnlich. Gilt dagegen Fall (a), so muß man die Outputbedingung für t und die Maximumbedingung simultan betrachten, um bei gegebenem $\psi(t)$ und $z(t)$ die Steuerung $u_1(t)$ und die *Kuhn-Tucker*-Multiplikatoren $\psi^+(t)$ zu bestimmen.

Bis hierhin war unser Interesse konzentriert auf den Spezialfall kontinuierlicher Instandhaltung mit einer einzigen, in ihren Auswirkungen feststehenden, diskreten Instandhaltungsmaßnahme am Ende des Planungszeitraumes. Zahlreiche andere

Spezialfälle des Problems könnten auf ähnliche Art und Weise behandelt werden. Besteht zum Beispiel die Möglichkeit einer Modernisierung während der Planungsperiode, so läßt sich die in Abschnitt 1 oben dargestellte Vorgehensweise von *Massé* auf ähnliche Weise mit der Optimierung der Inanspruchnahme und Instandhaltung kombinieren, wie dies für die Theorie des Ersatzproblems dargestellt wurde.

Erstaunliche Schwierigkeiten treten dagegen auf, wenn man Wahlmöglichkeiten unter diskreten Instandhaltungsmaßnahmen zuläßt. Zum Problem kostenoptimaler diskreter Instandhaltung sind wir nur für den allereinfachsten denkbaren Fall zu einem Ergebnis gekommen, das sich zudem recht bescheiden ausnimmt. Wir haben es dieser Arbeit als Anhang C beigefügt. Das dort betrachtete Problem besteht darin, zwischen Totalerneuerung eines Systems und seiner Reparatur zu wählen, wenn das System aus Einzelteilen besteht, die gemäß der "zweiten Interpretation" deterministisch verschleißen, wie dies zu Beginn des Abschnittes 2 bezeichnet wurde. Jedes Einzelteil soll ein Nutzungspotential haben, das jeweils nach einer festen Zeitspanne aufgezehrt ist, ohne daß Inanspruchnahme oder kontinuierliche Instandhaltung eine Rolle spielt für die Größe dieser Zeitspanne.

Der Satz 2 von Anhang C konstruiert die konvexe, differenzierbare Hülle der Gesamtkostenkurve in Abhängigkeit vom Zeitpunkt der Erneuerung, deren Minimum mithilfe der Differentialrechnung ermittelt werden kann und einen Anhaltspunkt gibt, in welchem Zeitbereich das eigentliche Kostenminimum zu suchen ist. Dieser Bereich wird durch den Satz eingeschränkt.

Nimmt man nun an, man kennt die Nutzungszeiten jedes Einzelteils für verschiedene alternative Instandhaltungs- und Nutzungspläne, so kann man mithilfe von Satz 2 für jeden dieser Alternativpläne den optimalen Erneuerungszeitpunkt aufsuchen und die optimalen Kosten berechnen. Auf diese Weise erhält man dann Aufschluß über die Kosten für das betrachtete Potentialfaktor-Betriebsmittelsystem, die zusätzlich entstehen, wenn man von einem Plan mit geringerer Ausbringung zu einem mit höherer Ausbringung übergeht.

Auch die Voraussetzung unendlich fortgesetzter identischer Erneuerung des Aggregates kann man in ähnlicher Weise aufheben wie früher für den kontinuierlichen Ansatz gezeigt, in dem man das optimale C für den Fall identischer Erneuerung nach (C.9) ermittelt und den optimalen Erneuerungszeitpunkt unter dieser Annahme sucht. Dann können an diesem optimalen C geschätzte Korrektuıen für den Einfluß der Obsoleszenzwirkungen angebracht werden. Man benutzt also wieder den Fall identischer Erneuerung als Anhaltspunkt für die Schätzung der optimalen Kosten vom Ersatzzeitpunkt bis in alle Zukunft. Bezeichnet man diese Schätzung wieder mit $\tilde{C}$, so wird man in einem zweiten Schritt

$$(4.92) \qquad C(t) = A + \sum_{j=1}^{n} W^j \frac{1 - e^{-\rho m_j(t) \cdot t_j}}{1 - e^{-\rho t_j}} e^{-\rho t_j} + \tilde{C} e^{-\rho t}$$

(in (4.92) gilt die Bezeichnungsweise des Anhangs C) nach einer ähnlichen Methode wie sie Satz 2 ermöglicht, über t zu minimieren suchen. Ergibt sich dabei ein optimales t, für das die Schätzung $\tilde{C}$ glaubhaft erscheint, so ist man fertig, sonst wird man $\tilde{C}$ neu schätzen und die Minimierung von (4.92) wiederholen.

V. ERGEBNIS

Zwei Problemen der betriebswirtschaftlichen Produktions- und Kostentheorie sollte diese Untersuchung sich widmen: erstens dem Problem der Inputmessung bei dauerhaften Produktionsgütern und zweitens dem Problem peripherer Faktorsubstitutionalität maschineller Fertigungsprozesse auf einem gegebenen Produktionsaggregat.

Was ergibt sich nun hinsichtlich dieser beiden Probleme aus unseren bisherigen Ausführungen?

Zur Lösung des Inputmessungsproblems hatten wir uns zunächst von *V.L. Smith* leiten lassen und dieses Problem auf die Frage nach dem Zusammenhang von Outputforderung und Bedarf an Ersatzbeschaffungen und Instandhaltungsleistungen zu reduzieren versucht, hatten aber feststellen müssen, daß der Ansatz von *Smith* noch kein Maß für die Abnutzung bei Potentialfaktor-Betriebsmitteln hergibt, das den Anforderungen kurzfristiger Theorie genügt. Nach unseren obigen Untersuchungen können wir nun folgenden Lösungsvorschlag machen: Zur Messung des Inputs eines Potentialfaktor-Betriebsmittels für die kurzfristige Theorie gehe man zurück auf die z-Situation dieses Betriebsmittels und betrachte deren Abhängigkeit von der Nutzung. Diese Betrachtung muß aber sinnvollerweise auch die laufende Instandhaltung miteinbeziehen, da erst Nutzung und Instandhaltung gemeinsam den Verschleiß, d.h. die produktionsbedingte Änderung der z-Situation bestimmen. Die kurzfristige, produktionsbedingte Änderung der z-Situation wird nun hier als mengenmäßige Maßgröße für den Input des Potentialfaktor-Betriebsmittels vorgeschlagen.

Dieser Vorschlag erscheint dann sinnvoll, wenn sich dieser mengenmäßigen Inputmaßgröße produktions- und kostentheoretisch relevante Preise zuordnen lassen. In Kapitel IV haben wir nun für einen Fall deterministischen Verschleißes demonstriert, wie dies möglich ist. Als Preise haben wir vorzuschlagen die prix d'usage im Sinne von *Boiteux*, die sich bei der für eine gegebene Outputforderung kostenoptimale starre Politik der Nutzung und Instandhaltung des Aggregates ergeben. Diese prix d'usage für einen Zeitpunkt t geben die Grenz-Kostenersparnis an, die man bei kostenoptimaler starrer Politik erzielen würde, wenn die zugehörigen Variablen der z-Situation in diesem Zeitpunkt exogen erhöht würden.

Leider konnte aber dieses Vorgehen nicht als allgemein für deterministische Verschleißvorgänge gangbarer Weg erwiesen werden. Für den Fall eines Systems aus Elementen fester Nutzungsdauer konnte die Brauchbarkeit des Konzeptes nicht gezeigt werden.

Für diesen Fall konnten wir nur einen Vergleich der optimalen Instandhaltungskosten für alternative Nutzungspläne ins Auge fassen und schlagen als Maß für den Input eines solchen Systems die beim Vergleich sich ergebende Kostendifferenz vor.

Für das Problem der peripheren Faktorsubstitutionalität haben unsere Untersuchungen folgendes ergeben: Laufender Faktorverzehr eines Potentialfaktor-Betriebsmittel-Aggregates und "Abschreibung" [1] einerseits und Instandhaltungsaufwand andererseits können auch für den Fall einer "Produktionsfunktion vom Typ B" im Sinne von *Gutenberg* in einem Zusammenhang peripherer Substitutionalität stehen.

---

1) Als "Abschreibung" sind die Änderungen der z-Variablen bewertet zu ihren prix d'usage aufzufassen, in der Terminologie des Kapitels IV:
$\int_{t}^{t+dt} \psi(\tau)^T f(z(\tau), u_1(\tau))\, d\tau$. Es handelt sich dabei um eine Abschreibung vom Nutzungswert bei optimaler Inanspruchnahme und Instandhaltungspolitik für die gegebene Outputforderung.

Anhang

A. Beispiel aus der Praxis, in dem ein Ertragsgesetz gilt

Eine Landmaschinenfabrik beschäftigt eine Kreissäge, die den gesamten Bedarf an schweren Profil- und Flachstählen zuschneidet. Der Vorschub des Materials erfolgt hydraulisch mit konstantem Andruck. Mit zunehmender Abnutzung des Sägeblattes frißt sich dieses immer langsamer in das Material hinein. Wenn die Stähle für die hochbeanspruchten Landmaschinenteile zugeschnitten werden, kann es mehrmals am Tage notwendig werden, das Blatt auszuwechseln, um es mithilfe einer speziell dafür vorhandenen Maschine nachzuschärfen. Man kann sich nun für eine unter irgendeiner Zielfunktion optimale Standzeit des Sägeblattes interessieren. Für dieses Problem wollen wir ein statisches Produktionsmodell konstruieren.

Folgende beiden Produktionsfaktorgruppen lassen sich unterscheiden:

(1) Maschinenbeanspruchung

Da Andruck und Umdrehungszahl pro Minute konstant sind, kann man die Maschinenbeanspruchung - für jede in Frage kommende Zielsetzung - durch die effektive Sägezeit r_1 messen. Auch der Energiebedarf kann in diesem Maß gemessen werden, da der Stromverbrauch je Sägezeiteinheit konstant ist. (*Ragnar Frisch* spricht für solche Fälle von "factor-shadows": Der Faktor Energie folgt der Maschinenbeanspruchung hier wie ein Schatten [1]. Ein weiterer factor-shadow ist die auf die effektive Sägezeit entfallende Bedienungsarbeit.

1) *Frisch*, [Production, 1965], S. 22.

(2) Sägeblattverzehr

Dieses Faktorenbündel umfaßt die Arbeit für das Auswechseln und Schärfen des Sägeblattes durch den Bedienungsmann, den Einsatz an neuen Sägeblättern, denn diese erlauben nur eine bestimmte Anzahl von Nachschärfungen, Abnutzung und Energiebedarf der Schärfmaschine. Als Maß für den Faktorverbrauch wählen wir die Arbeitszeit r_2 für das Nachschärfen; die übrigen folgen als Shadows. Selbstverständlich werden für den Sägevorgang noch andere Produktionsfaktoren benötigt, z.B. eine Bohrölemulsion, die zur Schmierung und Kühlung des Sägeblattes dient, die turnusmäßigen Reparatur- und Wartungsarbeiten an der Maschine selbst, usw. Der Einsatz dieser Faktoren aber wird durch Variation der Standzeit des Sägeblattes nicht beeinflußt.

Output oder Produkte sind die Schnitte. Als Outputmaß würde sich bei gleichbleibender Härte der zu sägenden Flachstähle die Schnittfläche anbieten. Da aber verschieden harte Stähle gesägt werden, sind diese mithilfe von Äquivalenzziffern auf eine Normalhärte umzurechnen. Somit hat man ein homogenes Produkt konstruiert, deren Outputmaß x sich als Schnittfläche mal Äquivalenzziffer (Materialkonstante) ergibt.

Gehen wir aus von einer festen Betrachtungsperiode, in der A Arbeitszeiteinheiten der Bedienungskraft zur Verfügung stehen. Da die Bedienungskraft der Säge auch das Nachschärfen und den Umbau besorgt, haben wir zu beachten:

(A.1)
$$r_1 + r_2 \leq A$$
$$r_1 \, , \, r_2 \geq 0$$

Innerhalb dieses Bereiches kann die effektive Sägezeit r_1 jeden beliebigen reellen Wert annehmen. Für die Wartungsarbeitszeit r_2 sind dagegen streng genommen nur ganzzahlige Vielfache der konstanten Zeit c möglich, die benötigt wird um einmal das Blatt zu wechseln und zu schärfen. Wir wollen jedoch auch für r_2 jeden reellen Wert zulassen und dann runden. Ist die Betrachtungsperiode hinreichend lang, fällt der Rundungsfehler nicht ins Gewicht; im übrigen ist es auch sinnvoll, Sägeblattpotential für die nächste Periode aufzuheben. Für jede (r_1, r_2)-Kombination des durch (A.1) beschriebenen Bereiches müssen nun noch die möglichen x-Werte angegeben werden.

Hierzu kann man empirisch folgende Funktionen ermitteln:

(A.2) $$\frac{dx}{ds} = \phi(s),$$

dabei ist s die Standzeit des Sägeblattes.

Um diese Funktion empirisch zu ermitteln, muß man einmal ein frisch geschärftes Sägeblatt solange fahren, bis kein Vorschub mehr zustandekommt. (In der Praxis kann man natürlich etwas früher aufhören, weil in der Nähe dieses Punktes - ganz gleich bei welcher praktisch relevanten Zielsetzung - keine interessante Lösung des Entscheidungsproblems liegen wird.) Während dieser Prozedur wird man für jeden Schnitt mit der Stoppuhr die effektive Sägezeit messen und in der Profiltabelle die Schnittfläche feststellen. So erhält man für eine Anzahl von Zeitpunkten $s > 0$ Werte der Funktion ϕ. Diese werden durch eine differenzierbare Interpolationsfunktion für alle Werte s, $0 \leq s \leq s_{max}$, der Standzeit, bei der man den Versuch abgebrochen hat, ergänzt, die nun mit ϕ bezeichnet wird. Der Versuch ist so angelegt, daß $s = r_1$ für $r_2 = c$. Wir können also auch schreiben:

(A.3) $$\left.\frac{\partial x}{\partial r_1}\right|_{r_2 = c} = \phi(s) \quad , \; s = r_1.$$

Im allgemeinen gilt, wenn w-mal nachgeschärft wird,

(A.4) $r_2 = wc,\ 0 < w \in \mathbb{N}$, und daher

(A.5) $$s = \frac{r_1}{w} = \frac{cr_1}{r_2} ;$$

wir nehmen ja an, daß die Standzeit s während der Betrachtungsperiode nicht geändert wird, da wir ein statisches Modell bauen. Deshalb teilt sich die effektive Maschinenzeit r_1 auf w gleich lange Standzeiten s auf wie in (A.5).

Als Verallgemeinerung von (A.3) erhalten wir demnach:

(A.6) $$\frac{\partial x}{\partial r_1} = w\phi(s) = w\phi(\frac{cr_1}{r_2}) = \frac{r_2}{c}\ \phi(\frac{cr_1}{r_2})$$

Über (A.6) erhalten wir aus dem empirisch erhobenen ϕ die partielle Grenzproduktivität des Faktors r_1. Wie man sofort sieht, ist sie eine stetige Funktion in zwei Variablen (r_1, r_2) für $r_2 > 0$.

Zu einer Kombination (r_1, r_2) erhalten wir das zugehörige x durch Integration von (A.6) unter Berücksichtigung der Tatsache, daß $x(0,0) = 0$:

(A.7) $$x = w \int_0^s \phi(t)dt = \frac{r_2}{c} \int_0^{cr_1/r_2} \phi(t)dt.$$

Unter einem Ertragsgesetz versteht man eine Aussage über die partiellen Grenzproduktivitäten der Produktionsfaktoren in Abhängigkeit von ihrer Einsatzmenge.
Im Beispiel gilt das Gesetz:
Sämtliche partiellen Grenzproduktivitäten nehmen mit zunehmendem Einsatz des entsprechenden Faktors bei Konstanthaltung der übrigen ab.
Mathematisch bedeutet dies, daß die Ableitungen der Grenzproduktivitäten nach dem zugehörigen Faktor negativ sind.

Wir wissen, daß $\phi' < 0$, da mit steigender Standzeit die Schnittgeschwindigkeit abnimmt. Wegen (A.6) ist die Gültigkeit des genannten Ertragsgesetzes für r_1 unmittelbar klar. Um es auch für r_2 zu verifizieren, differenzieren wir (A.7) zweimal nach r_2:

$$\text{(A.8)} \quad \frac{\partial x}{\partial r_2} = \frac{1}{c} \int_0^s \phi(t)dt - \frac{r_2}{c} \phi(s) \frac{r_1 c}{r_2^2} = \frac{1}{c} \int_0^s \phi(t)dt - \phi(s) \frac{r_1}{r_2}$$

$$\text{(A.9)} \quad \frac{\partial^2 x}{\partial r_2^2} = \underbrace{- \frac{1}{c} \phi(s) \frac{r_1 c}{r_2^2} + \phi(s) \frac{r_1}{r_2^2}}_{= 0} + \phi'(s) \frac{r_1}{r_2^2} \cdot \frac{r_1}{r_2}$$

Daraus kann die Gültigkeit des Ertragsgesetzes auch bezüglich des 2. Faktors abgelesen werden. Aus (A.8) ist auch zu ersehen, daß die Grenzproduktivität bezüglich r_2 stetig ist für $r_2 > 0$.

B. Das Maximumprinzip von *Pontrjagin* und eine ökonomische Erläuterung

Problem

Bezeichne $\mathbb{R}^n$ den n-dimensionalen Euklidischen Raum, $U \subset \mathbb{R}^{n_1}$ eine kompakte Menge, $\underline{U}$ die Menge der stückweise stetigen Abbildungen u: $\mathbb{R}^1 \rightarrow U$. Man betrachte Differentialgleichungssysteme der Form

$$
\text{(B.1)} \quad \begin{cases} \dot{z}_o(t) := \dfrac{dz_o}{dt} = f_o(z(t), u(t)) \\[2ex] \dot{z}\ (t) := \dfrac{dz}{dt} \ = f\ (z(t), u(t)) \end{cases}
$$

mit $u \in \underline{U}$, $z_o(t) \in \mathbb{R}^1$, und $z(t) \in \mathbb{R}^{n_2}$ für jedes $t \geq t_o \in \mathbb{R}^1$.

In einem offenen Gebiet $Z \subset \mathbb{R}^{n_2}$ mögen die reellwertige Funktion f_o und die vektorwertige Funktion f folgende Eigenschaften haben:

1. Stetigkeit;
2. Für jedes $(\zeta, \omega) \in Z \times U$ existieren
   der Gradientenvektor $\dfrac{\partial f_o}{\partial z}(\zeta, \omega)$

   und die *Jacobi*-Matrix $\dfrac{\partial f}{\partial z}(\zeta, \omega)$

   und sind als Funktionen von ζ und ω stetig.
3. Für jedes $u \in \underline{U}$ ist jede Lösung $z(\cdot)$ von (B.1) für alle $t \geq t_o$ definiert und verläuft ganz in Z.

Das Problem ist nun, bei festem t_o und festem Anfangszustand $z(t_o)$

$$(B.2) \quad J(z(t_o)) := \min_{(z,u)\in \mathfrak{Z}} \int_{t_o}^{t_1} f_o(z(t), u(t))dt$$

mit $\mathfrak{Z} := \{(z,u): z(t) = \int_{t_o}^{t} f(z(\tau), u(\tau))d\tau + z(t_o)$

für alle $t \geq t_o$; $u \in \underline{U}$; $t_1 \geq t_o\}$

zu bestimmen; dabei ist t_1 variabel.
Dabei kann der Endzustand $z(t_1)$ einer Bedingung folgender Form unterworfen werden:

$$(B.3) \quad \begin{cases} g_1(z(t_1)) = 0 \\ g_2(z(t_1)) = 0 \\ \vdots \\ g_{n_3}(z(t_1)) = 0 \end{cases}$$

mit $n_3 \leq n_2$, wofür wir auch schreiben:

$$g(z(t_1)) = 0 \; .$$

Die Funktionen $g_i(\zeta)$ mögen dabei überall in Z stetige Gradientenvektoren $\frac{\partial g_i}{\partial z}(\zeta)$ besitzen, die für jedes $\zeta \in Z$ linear unabhängig sind. g definiert dann eine in Z glatte Mannigfaltigkeit des Zustandsraumes.

Ein Sonderfall der Bedingung (B.3) liegt vor, wenn man einige oder alle Koordinaten $z_j(t_1)$ fest vorschreibt. Die g_i haben dann die Form $z_j(t_1) - \overline{\zeta}_j = 0$ und ihre Gradientenvektoren sind jeweils die j-ten Einheitsvektoren.

(Auf den ersten Blick scheint der Wert der Funktion J nicht nur von $z(t_o)$, sondern auch von t_o selbst abzuhängen, so daß man schreiben müßte $J(z(t_o), t_o)$. Dies ist jedoch nicht der Fall. Verschiebt man t_o auf der Zeitachse ohne $z(t_o)$ zu ändern, so verschiebt sich nur der Prozeß als Ganzes. Der Wert der Funktion $J(z(t_o), t_o)$ ist für alle t_o derselbe, nur t_1 ändert sich entsprechend. Das liegt daran, daß wir es mit einem sogenannten autonomen Prozeß zu tun haben, bei dem die Funktionen f_o und f nicht eigens von t abhängen.)

Das Maximumprinzip liefert für dieses Problem folgende notwendige Bedingung eines Optimums:

Theorem (*Pontrjagin*)
Ist $(z^*(\cdot), u^*(\cdot))$ eine optimale Lösung des Problems, so existieren eine vektorwertige Funktion $\psi:[t_o, t_1] \to \mathbb{R}^{n2}$ und eine Konstante $\psi_o \geq 0$, die das Differentialgleichungssystem

$$(B.4) \quad \dot{\psi}(t)^T = -\psi(t)^T \frac{\partial f}{\partial z}(z^*(t), u^*(t)) + \psi_o \frac{\partial f_o}{\partial z}(z^*(t), u^*(t))$$

erfüllen, so daß gilt:

(a) Für jedes $t \in [t_o, t_1]$:

$$(B.5) \quad \psi(t)^T f(z^*(t), u^*(t)) - \psi_o f_o(z^*(t), u^*(t)) = \max_{\omega \in U} \psi(t)^T f(z^*(t), \omega) - \psi_o f_o(z^*(t), \omega) = 0.$$

(b) Für den Fall, daß $\psi(t) = 0$ für ein t, muß gelten $\psi_o > 0$.

(c) Für jede Lösung ζ des Gleichungssystems

(B.6) $\frac{\partial g}{\partial z}(z^*(t_1))\ (\zeta - z^*(t_1)) = 0$

gilt:

(B.7) $\psi(t_1)^T(\zeta - z^*(t_1)) = 0$.

(Wir verwenden in diesem Anhang durchgehend die Matrizenschreibweise. Vektoren werden dabei grundsätzlich als Spalten aufgefaßt, nur Gradientenvektoren sind grundsätzlich Zeilen. Die *Jacobi*-Matrix $\frac{\partial f}{\partial z}$ weist in ihren Zeilen die Gradientenvektoren der Komponentenfunktionen von f auf; a^T bezeichnet die Transponierte der Matrix a.)

Dieses Theorem folgt aus Satz 3 [2] des Buches von *Pontrjagin* et al..

Die Funktion

(B.8) $H(\phi, \psi_0, \zeta, \omega) := \phi^T f(\zeta, \omega) - \psi_0 f_0(\zeta, \omega),$
worin $\phi \in \mathbb{R}^{n2}$,

die in (B.5) auftritt, wird als Hamilton-Funktion bezeichnet. Die Bedingung (c) ist die sogenannte Transversalitätsbedingung. In ihr ist (B.6) die Gleichung der Tangentialebene im Punkt $z^*(t_1)$ an die durch g definierte glatte Mannigfaltigkeit, zu der der Endzustand gehören soll. Die Transversalitätsbedingung fordert, daß im Endzustand der optimalen Trajektorie der Vektor $\psi(t_1)$ zu dieser Tangentialebene orthogonal sein muß (vgl. B.7).

---

2) *Pontrjagin* et al., [Theorie, 1964], S. 54.
Die deutsche Übersetzung schreibt "Satz 2" und bringt diesen Satz fälschlich als notwendig und hinreichend.

Ökonomische Erläuterung

Der betrachtete formale Prozeß läßt sich insbesondere als Produktionsprozeß interpretieren, wobei - was nicht zwingend ist - die $z(\cdot)$ Input- bzw. Outputgüterströme darstellen können. Einige Koordinaten von $z(\cdot)$ können auch sonstige ökonomische relevante Zustandsgrößen bezeichnen.

Betrachten wir zunächst nur den Fall, in dem der Endzustand frei ist. Für diesen Fall folgt aus der Transversalitätsbedingung

$$\text{(B.9)} \qquad \psi(t_1) = 0,$$

wenn man vereinbart, daß ein nicht vorhandenes Gleichungssystem in einem Raum den ganzen Raum als Lösungsmenge hat. Gemäß Bedingung (b) muß dann $\psi_0 > 0$ sein. In diesem Falle aber kann man $\psi_0 = 1$ setzen, denn wenn irgendeine vektorwertige Funktion ψ die Bedingungen erfüllt, dann ebenso die Funktion $\frac{1}{\psi_0}\,\psi$. Davon überzeugt man sich sofort durch Betrachtung von (B.4) bis (B.7). Im folgenden soll daher im Falle $\psi_0 > 0$ immer $\psi_0 = 1$ gesetzt werden.

Ökonomisch interpretiert stellt $z_0(t)$ die "buchhalterischen" Kosten dar, die für den Prozeß in der Periode $[t_0, t]$ anfallen und $\dot{z}_0(t)$ folglich deren Zuwachsrate im Zeitpunkt t, die gemäß (B.1) durch den in der Vergangenheit bis t entstandenen Zustand und den Vektor $u(t)$ bestimmt wird; $u(t)$ bringt die gegenwärtigen Maßnahmen, genauer gesprochen, die gegenwärtigen Werte der Aktionsparameter zum Ausdruck, durch die der Prozeß gesteuert wird. Zustand und Aktionsparameter bestimmen auch den Vektor $\dot{z}(t)$ der Änderungsraten der Zustandsvariablen.

Um nun die Bedingungen ökonomisch zu erläutern, die gemäß dem Maximumprinzip eine Steuerung $u(\cdot)$ und der zugehörige Zustandsverlauf $z(\cdot)$ erfüllen müssen, um als Kandidaten für eine kostenminimale Steuerung des Prozesses bzw. für die zugehörige optimale Zustandsentwicklung in Frage zu kommen, wählen wir einen Zeitpunkt $\tau \in (t_o, t_1)$, so daß die betrachtete Steuerung als Funktion der Zeit in einem kleinen Intervall $[\tau, \tau + dt]$ stetig ist. Dies ist möglich, da jede zulässige Steuerung $u(\cdot)$ stückweise stetig ist. Die "buchhalterischen" Kosten für die Periode $[\tau, \tau + dt]$ sind nun definitionsgemäß gleich

$$\text{(B.10)} \qquad z_o(\tau + dt) - z_o(\tau) = \int_{\tau}^{\tau+dt} f_o(z(\theta))d\theta.$$

Wegen der gemachten Stetigkeitsvoraussetzung ist in (B.10) der Integrand als Funktion der Zeitvariablen θ stetig und daher gilt:

$$\text{(B.11)} \qquad z_o(\tau + dt) - z_o(\tau) = f_o(z(\tau), u(\tau))dt + o(dt).$$

Die "buchhalterischen" Kosten der Periode $[\tau, \tau + dt]$ sind also in erster Näherung eine Funktion des Aktionsparametervektors $u(\tau)$ im Zeitpunkt τ. Ob dieser optimal gewählt ist, hängt nicht nur von seiner Wirkung auf die "buchhalterischen" Kosten ab, sondern auch von seinen Nachwirkungen auf die zukünftigen Kosten. Diese aber kommen in den minimalen Kosten $J(z(\tau + dt))$ des zukünftigen Prozeßverlaufs zum Ausdruck (vgl. (B.2)). Denn analoge Überlegungen wie zu (B.10) und (B.11) zeigen:

$$\text{(B.12)} \qquad z(\tau + dt) = z(\tau) + f(z(\tau), u(\tau))dt + \underline{o}(dt)$$

also, daß auch der Zustand am Ende der Betrachtungsperiode $[\tau, \tau + dt]$, der die minimalen Kosten des zukünftigen Prozeßverlaufes bestimmt, in erster Näherung eine Funktion des

Aktionsparametervektors u(τ) am Anfang dieser Periode ist. (Darin ist im Unterschied zu o(dt) in (B.11) $\underline{o}(dt)$ ein Vektor aus Z, dessen Norm von höherer Ordnung klein wird als dt.) Soll u(τ) nun optimal sein, so muß es den Zustand z(τ) in einen Zustand z(τ + dt) überführen, für den die Summe aus "buchhalterischen" Kosten der Periode [τ, τ + dt] und minimal möglichen Kosten J(z(τ + dt)) des zukünftigen Restverlaufs minimal, d.h. gleich J(z(τ)) sind. Dies bedeutet aber, da wegen (B.12) gilt:

$$\text{(B.13)} \qquad J(z(\tau + dt)) = J(z(\tau) + f(z(\tau), u(\tau))dt + \underline{o}(dt)),$$

daß gelten muß:

$$\text{(B.14)} \qquad f_o(z(\tau), u(\tau))dt + J(z(\tau) + f(z(\tau), u(\tau))dt + \underline{o}(dt)) + o(dt) = J(z(\tau)) =$$

$$= \min_{\omega \in U} (f_o(z(\tau), \omega)dt + J(z(\tau) + f(z(\tau), \omega)dt + \underline{o}(dt)) + o(dt).$$

(B.14) ist eine mögliche Formulierung des Optimalitätsprinzips der Dynamischen Programmierung für unser Problem. Darin wird $J(z^*(\tau))$ rekursiv und zwar von rückwärts näherungsweise für endliche Schrittweiten dt definiert.

Unter der zusätzlichen Annahme nun, die Funktion J besitze stetige partielle Ableitungen, kann man schreiben:

$$\text{(B.15)} \qquad J(z(\tau + dt)) - J(z(\tau)) = \frac{\partial J}{\partial z}(z(\tau))\dot{z}(\tau)dt + o(dt).$$

Berücksichtigt man (B.1), wonach $\dot{z}(\tau) = f(z(\tau), u(\tau))$, dann läßt sich die Differenz auf der linken Seite ökonomisch interpretieren als Opportunitätskosten der Zustandsänderung, die im Intervall $[\tau, \tau + dt]$ durch die stetige Steuerung u herbeigeführt wird. (Aufgrund ihrer Stetigkeit kann die Steuerung in diesem Intervall näherungsweise durch $u(\tau)$ repräsentiert werden.) Der Gradientenvektor

$\frac{\partial J}{\partial z}(z(\tau))$ ist ökonomisch als Vektor von Opportunitätskostenpreisen für die Zustandsvariablen zu interpretieren. D.h. jede Komponente des Vektors würde in erster Näherung angeben, um wieviel die noch ausstehenden zukünftigen Gesamtkosten steigen, wenn man ausgehend vom Zustand z(t) die der Komponente entsprechende Zustandsvariable um eine kleine Einheit erhöht.

Subtrahiert man nun bei allen Gliedern der Gleichungskette (B.14) $J(z(\tau))$ und berücksichtigt (B.15) und das im Anschluß daran festgestellte, so erhält man:

(B.16) $$[f_o(z(\tau), u(\tau)) + \frac{\partial J}{\partial z}(z(\tau))\, f(z(\tau), u(\tau))]dt + $$
$$+ o(dt) = 0 =$$
$$= \min_{\omega \in U} [f_o(z(\tau), \omega) + \frac{\partial J}{\partial z}(z(\tau))\, f(z(\tau), \omega)]dt + o(dt).$$

Das bedeutet ökonomisch, $u(\tau)$ muß die Summe aus "buchhalterischen" Kosten der Periode $[\tau, \tau + dt]$ und Opportunitätskosten der Zustandsveränderung in dieser Periode minimieren.

Oder etwas anders gesagt, die zeitlichen "buchhalterischen" Grenzkosten vermehrt um die zeitlichen Grenzopportunitätskosten der Zustandsveränderung, beide als Funktion von $u(\tau)$, müssen minimal werden.

Damit aber haben wir eine ökonomische Interpretation der Bedingung (B.5) des Theorems von *Pontrjagin*, nämlich daß die Hamiltonfunktion in jedem Zeitpunkt auf der optimalen Trajektorie als Funktion der Steuerungsparameter ein Maximum annehmen muß. Denn man kann zeigen, daß mit

$$\text{(B.17)} \quad \psi(t) := -\frac{\partial J}{\partial z}(z(t)) \quad \text{und } \psi_o = 1$$

die Differentialgleichung (B.4) des Theorems von *Pontrjagin* erfüllt ist. Man benötigt dazu die Voraussetzung, daß J zweimal stetig differenzierbar ist.

Wenn aber mit (B.17) die Differentialgleichung (B.4) erfüllt ist, dann ist sofort klar, daß die Bedingungen (B.5) und (B.16) äquivalent sind, denn es ist gleichbedeutend, ob man $-f_o + \psi^T f$ maximiert oder

$$f_o + \frac{\partial J}{\partial z} f \quad \text{minimiert}$$ 3).

Zur ökonomischen Interpretation der Komponenten des Vektors $\psi(\tau)$ sei folgendes bemerkt: In einem Kostenminimierungsproblem werden die buchhalterischen Kosten jeder beliebigen Periode in der Regel nicht negativ sein. Das bedeutet, $f_o(z(\tau), u(\tau)) \geq 0$ für beliebiges τ. Aus (B.16) ersieht man,

daß in diesem Falle das Produkt $\frac{\partial J}{\partial z}(z(\tau))\ f(z(\tau),u(\tau))$ nichtpositiv, also $\psi(\tau)^T f(z(\tau),u(\tau))$ nichtnegativ sein wird. Die $\psi(\tau)$ sind also Vektoren aus Nutzenbewertungsfak-

---

3) Häufig wird deshalb das Theorem von *Pontrjagin* auch als Minimumprinzip wie mit (B.16) formuliert, weil dies "natürlicher" erscheint. Vgl. etwa *Kalman*, [Theory, 1963], S. 322 f;
Athans - Falb [Optimal Control, 1966], S. 289 f.

toren für die Zustandskomponenten und das Produkt $\psi(\tau)^T f(z(\tau), u(\tau))$ ist nichts anderes als die Rate, mit der die noch bevorstehende Kostenlast in τ abgebaut wird.

Mit den bisher gegebenen Erläuterungen wird auch die Bedingung einsichtig, daß das Maximum der Hamiltonfunktion in der Zeit konstant gleich null ist. Denn die Gesamtkosten des optimalen Prozeßablaufs sind ein fester Wert $z_o^*(t_1)$. Folglich muß für jedes τ die Summe aus "buchhalterischen" Kosten und Opportunitätskosten dieselbe sein, wenn vom optimalen Verlauf nicht abgewichen wird. Da die Hamiltonfunktion aber die Zuwachsrate der Gesamtkosten angibt, muß sie konstant gleich null bleiben.

Nun soll noch gezeigt werden, daß die Differentialgleichung (B.4) gilt, wenn man (B.17) setzt und annimmt, die Funktion J sei zweimal stetig differenzierbar. Wir verfolgen damit das Ziel, Einsicht in die ökonomische Bedeutung der Differentialgleichung (B.4) für die Nutzenbewertungsfaktoren $\psi(\tau)$ der Zustandsvariablen $z(\tau)$ zu gewinnen.

Man entnimmt (B.16), daß

$$\text{(B.18)} \qquad \inf\ [f_o(\zeta, \omega) + \frac{\partial J}{\partial z}(\zeta) f(\zeta, \omega)] = 0$$

für beliebiges $(\zeta, \omega) \in Z \times U$, denn (B.16) gilt für beliebiges $\zeta \in Z$ als Anfangswert $z(\tau)$. Ferner entnimmt man (B.16), daß die Funktion $[f_o(\zeta, \omega) + \frac{\partial J}{\partial z} f(\zeta, \omega)]$ ihr Infimum bei $(\zeta, \omega) = (z(\tau), u(\tau))$ aus der optimalen Lösung auch annimmt, daß also ein Minimum vorliegt. Setzen wir nun $\omega = u(\tau)$ fest, dann muß die Funktion als Funktion von ζ ihr Minimum null bei $\zeta = z(\tau)$ annehmen. Da aber Z offen ist, muß es sich um ein inneres Minimum handeln. Dafür ist aber notwendig, daß die erste Ableitung der Funktion null wird, also:

$$\text{(B.19)} \quad \frac{\partial}{\partial z}\left(\frac{\partial J}{\partial z}(z(\tau))\right) f(z(\tau),\ u(\tau)) +$$

$$\frac{\partial J}{\partial z}(z(\tau)) \quad \left[\frac{\partial f}{\partial z}(z(\tau),\ u(\tau))\right]^T + \left[\frac{\partial f_o}{\partial z}(z(\tau),\ u(\tau))\right]^T = 0$$

Darin ist $\frac{\partial}{\partial z}\left(\frac{\partial J}{\partial z}(z(\tau))\right)$ die *Hesse*-Matrix der Funktion J

in $\zeta = z(\tau)$, ist $f(z(\tau),\ u(\tau))$ der Spaltenvektor $\dot{z}(\tau)$, ist $\frac{\partial J}{\partial z}(z(\tau))$ der Gradient von J und $\left[\frac{\partial f}{\partial z}(z(\tau),\ u(\tau))\right]$ die *Jacobi*-Matrix der vektorwertigen Funktion f, die hier transponiert zu nehmen ist, ebenso wie der Gradient $\frac{\partial f_o}{\partial z}(z(\tau),\ u(\tau))$, der hier als Spaltenvektor auftritt. (B.19) ist also eine Vektorgleichung oder ein Gleichungssystem. Beachtet man nun (B.17) und

$$\text{(B.2o)} \quad \frac{\partial}{\partial z}\left(\frac{\partial J}{\partial z}(z(\tau))\right) f(z(\tau),\ u(\tau)) =$$

$$= \frac{\partial}{\partial z}\left(\frac{\partial J}{\partial z}(z(\tau))\right)\dot{z}(\tau) = \left(\frac{d}{dt}\ \frac{\partial J}{\partial z}(z(\tau))\right) = -\ \dot{\psi}(\tau),$$

so geht (B.19) unmittelbar in (B.4) über [4].

Wir rufen uns ins Gedächtnis, daß die $\frac{\partial J}{\partial z}(\zeta)$ echte Opportunitätskostensätze sind, echt insofern, als sie von der optimalen Nutzung der Zukunftschancen ausgehen. D.h. in den $\frac{\partial J}{\partial z}(\zeta)$ wird berücksichtigt, daß eine Verschiebung des Zustandes ζ im allgemeinen eine Änderung der optimalen Steuerung nach sich zieht, m.a.W. daß $J(\zeta+d\zeta)$ im allgemeinen eine andere Steuerung erfordert als $J(\zeta)$. Die Opportunitätskostensätze $\frac{\partial J}{\partial z}(\zeta)$ gehen also von der jeweils optimalen Steuerung in der Zukunft aus; freilich berücksichtigen sie den Einfluß einer Änderung der optimalen Steuerung nur in erster Näherung, da es sich um marginale Größen handelt.

---

4) Den mathematischen Grundgedanken der obigen Überlegung, die von (B.16) auf (B.4) führt, findet man an einem spezielleren Fall ausgeführt bei *Pontrjagin* et al. [Theorie, 1964], S. 74 - 76. Man kann auch auf einem anderen mathematischen Wege zu (B.4) gelangen, indem man nämlich die optimale Steuerung als Funktion des erreichten Zustandes darstellt:

$$u(\tau) = h(z(\tau))$$

und dann (B.16) total nach ζ differenziert, um zu zeigen, daß im Optimum jedenfalls gilt:

$$\frac{\partial}{\partial u}[f_o(z(\tau),\ u(\tau)) + \frac{\partial J}{\partial z}(z(\tau))f(z(\tau),\ u(\tau))] \cdot \frac{\partial h}{\partial z} = 0$$

Vgl. *Kalman*, [Theory, 1963], S. 320 - 322;

und *Albouy - Breton*, [Interpretation, 1968]

oder *Albouy*, [Régulation II, 1972], S. 104 - 110.
Man benötigt dazu aber zusätzlich die Annahmen, daß die optimale Steuerung als Funktion des Zustandes, also die Funktion g und die Funktionen f_o und f auch als Funktionen von u stetig differenzierbar sind. *Pontrjagins* Überlegung kommt ohne diese Annahmen aus und erscheint eleganter.

Für zweimal stetig differenzierbares J wurde gezeigt, daß die Opportunitätskostensätze $\frac{\partial J}{\partial z}$ im Optimum mit der Differentialgleichung (B.4) in Einklang stehen. Machen wir uns nun klar, daß dies ein "erstaunliches" Ergebnis ist und welche ökonomische Bedeutung die Gleichung (B.4) hat.

Die Differentialgleichung (B.4) legt für jede zulässige Steuerung u(·) und die zugehörige Phasentrajektorie z(·) ein Entwicklungsgesetz fest für die Bewertungsfaktoren der Zustandsvariablen. Betrachtet man (B.4) so im Zusammenhang mit einer beliebigen aber festen Steuerung u(·), dann kann man im allgemeinen nicht mehr erwarten, daß es sich weiterhin um echte Opportunitätskostensätze handelt, deren zeitliche Entwicklung festgelegt wird, da ja die Steuerung in Abhängigkeit von der Zeit, nicht vom Zustand, festliegt und somit eine Anpassung der Steuerung nach einer exogenen Störung der Phasentrajektorie ausgeschlossen ist, von der echte Opportunitätskostensätze ausgehen. (Unter einer exogenen Störung der Phasentrajektorie sei hier folgender Vorgang verstanden: Bei fester Steuerung wird der Verlauf der Phasentrajektorie in einem Zeitpunkt $\xi \in Z$ ein Stück weit verschoben, von wo aus der Prozeß dann gesetzmäßig weiterläuft.) Insofern ist das Ergebnis "erstaunlich", daß im Optimum die Opportunitätskostensätze der Gleichung (B.4) gehorchen, die von einer festen, nämlich der für den ungestörten Verlauf des Prozesses optimalen Steuerung ausgeht. Dieses Ergebnis bedeutet, daß im Optimum der Einfluß auf die Gesamtkosten des Prozesses, den die Anpassung der optimalen Steuerung an eine exogene Störung der Phasentrajektorie ausübt, in erster Näherung verschwindet, sei dies deshalb, weil eine Änderung von u auf die Kosten in erster Näherung nicht wirkt (ähnlich wie beim inneren Minimum einer differenzierbaren Funktion eine Änderung der unabhängigen Variablen) oder sei dies deshalb, weil die Anpassung der optimalen Steuerung verschwindend klein ausfällt [5].

---

5) Vgl. oben, Fußnote 4), für die mathematischen Aspekte insbes. den dort angeführten Beitrag von *Kalman*; für die ökonomischen: *Albouy - Breton*.

Nun sei noch die Differentialgleichung (B.4) im Zusammenhang mit einer beliebigen aber festen zulässigen Steuerung u(·) und einer exogenen Störung der zugehörigen Phasentrajektorie näher betrachtet [6].

Eine exogene Störung pflanzt sich über die Zeit hinweg fort gemäß der Differentialgleichung für den Zustand. (Vgl. (B.1)). Für die gestörte Trajektorie nach Auftreten einer Störung $\varepsilon\xi$ im Zeitpunkt τ ($\varepsilon > 0$ ist ein Skalar) gilt:

(B.21) $$\frac{d}{dt}(z + \varepsilon\, \delta z)(t) = f(z(t) + \varepsilon\, \delta z(t),\ u(t)) =$$

$$= f(z(t),\ u(t)) + \frac{\partial f}{\partial z}(z(t),\ u(t)).\ \varepsilon\, \delta z(t) + \underline{o}(\varepsilon)$$

Darin ist $\delta z(t)$ eine Funktion der Zeit, die angibt, in welcher Richtung im Zustandsraum die gestörte Trajektorie von der ungestörten abweicht. ξ ist der Anfangswert dieser Funktion: $\delta z(\tau) = \xi$. Aus (B.21) folgt für $\varepsilon \to 0$

(B.22) $$\frac{d}{dt}(\delta z)(t) = \frac{\partial f}{\partial z}(z(t),\ u(t))\ \delta z(t),$$

die sogenannten Gleichungen in den Variationen. Sie beschreiben die Entwicklung einer exogenen Störung der Phasentrajektorie in erster Näherung. Wie entwickelt sich nun der Wert $\psi(t)^T\ \delta z(t)$, wenn die Bewertungsfaktoren $\psi(t)$ (B.4) erfüllen?

---

6) Das folgende lehnt sich an *Pontrjagin* et al., [Theorie, 1964], § 12 an.

Dazu berechnen wir:

$$\text{(B.23)}\quad \frac{d}{dt}(\psi(t)^T\,\delta z(t)) =$$

$$= \dot{\psi}(t)^T\,\delta z(t) + \psi(t)^T\,\frac{d}{dt}(\delta z)(t) =$$

$$= \left[\frac{\partial f_o}{\partial z}(z(t),\,u(t)) - \psi(t)^T\,\frac{\partial f}{\partial z}(z(t),\,u(t))\right]\delta z(t) +$$

$$+ \psi(t)^T\,\frac{\partial f}{\partial z}(z(t),\,u(t))\delta z(t) = \frac{\partial f_o}{\partial z}(z(t),\,u(t))\delta z(t)$$

Das bedeutet, bei einer Bewertung, die (B.4) erfüllt, entspricht die zeitliche Zuwachsrate des Wertes der Zustandsdifferenz zwischen gestörter und ungestörter Trajektorie in erster Näherung gerade der Zuwachsrate der durch diese Differenz verursachten "buchhalterischen" Kosten und dies in jedem Zeitpunkt t, in dem die Steuerung u stetig ist. (Denn nur dann gilt (B.23)). (B.4) stellt demnach sicher, daß die Gesamtkostenwirkung einer exogenen Störung der Phasentrajektorie durch die Fortpflanzung der Störung sich in der Zeit nicht ändert, daß vielmehr nur eine Umschichtung stattfindet von den noch bevorstehenden Kosten zu den "buchhalterischen" Kosten. Beachtet man noch die Randbedingung $\psi(t_1) = 0$, so impliziert dies, daß im Zeitpunkt t_1 alle Kosten "buchhalterische" Kosten geworden sein müssen und daß somit $\psi(\tau)^T\,\delta z(\tau)$ die Gesamtkostenwirkung der Störung wiedergibt, $\psi(t)^T\,\delta z(t)$ für $t \geq \tau$ hingegen den "noch nicht realisierten" Betrag dieser Kosten. Dies alles gilt in linearer Näherung, d.h. für Störvektoren $\varepsilon\xi$ von geringer Länge oder $\varepsilon \to 0$. Und es ist dabei vorausgesetzt, daß die Steuerung des Prozesses von vornherein feststeht. Stellt man sich den Zustand als nutzbares Reservoir vor, so bedeutet dies, daß die Politik der Nutzung festliegt. Zu jeder solchen Politik, die nicht strategisch, d.h. in Abhängigkeit von der Situation, sondern starr in Abhängigkeit vom Kalenderdatum spezifiziert vorgestellt werden muß, gibt dann der Vektor $\psi(t)$ eine Bewertung des Reservoirs nach dem mit der starren Politik erzielbaren Nutzen $- z_o(t_1)$, so daß sich Wert des Reservoirs und bereits realisierter Nutzen in jedem Zeitpunkt zur Größe des Gesamtnutzens $- z_o(t_1)$ am Ende des Prozesses ergänzen. Bewertungsfaktoren mit dieser Eigenschaft werden nach *Marcel Boiteux* als prix d'usage bezeichnet [7]. Diese prix d'usage sind im allgemeinen nicht die user costs im Sinne von *Keynes*, die echte Opportunitätskostensätze darstellen. Wir sahen, daß die user costs, sofern sie existieren, im Optimum gleich den prix d'usage der optimalen starren Politik sind. In dem Falle, daß für einen Zeitpunkt echte Opportunitätskostensätze existieren, geben sie in linearer Näherung die Entschädigung an, die man erhalten müßte, um für diesen Zeitpunkt einen Zustand anzusteuern, der um eine Einheit in Richtung der zugehörigen Zustandskoordinate vom Optimalzustand dieses Zeitpunktes abweicht. Daraus ließe sich dann die Entschädigung für jede beliebige mögliche Abweichungsrichtung als Linearkombination errechnen.

Als Koeffizienten der linearen Gleichung

$$\text{(B.24)} \qquad \psi_o(\zeta_o - z_o^*(t)) + \frac{\partial J}{\partial z}(z^*(t))(\zeta - z^*(t)) = 0$$

definieren die Opportunitätskostenpreise $\frac{\partial J}{\partial z}(z^*(t))$ die Menge aller Richtungen, in die der angesteuerte Zustand $\begin{pmatrix}\zeta_o\\ \zeta\end{pmatrix}$ des Zeitpunkts t vom Optimalzustand $\begin{pmatrix}z_o^*(t)\\ z^*(t)\end{pmatrix}$ abweichen kann, ohne daß in linearer Näherung eine Entschädigung notwendig wird. Geometrisch gesprochen definieren sie in dem um eine z_o-Achse für die buchhalterischen Kosten erweiterten Zustandsraum $\mathbb{R} \times Z$ eine Hyperebene durch den Optimalzustand $\begin{pmatrix}z_o^*(t)\\ z^*(t)\end{pmatrix}$ des betrachteten Zeitpunktes t in der man sich innerhalb einer kleinen Umgebung dieses Optimalzustandes frei bewegen kann, ohne die Gesamtkosten des Prozesses zu ändern. Diese Hyperebene teilt

---

7) Vgl. *Albouy - Breton*, [Interpretation, 1968], S. 47.

den erweiterten Zustandsraum in zwei offene Halbräume. In dem einen Halbraum oder, wie wir auch sagen, auf der einen Seite der Hyperebene gilt statt des Gleichheitszeichens in (B.24) das Zeichen < und hier liegen alle Richtungen, in denen sich die Gesamtkosten verringern würden. Auf der anderen Seite der Hyperebene gilt stattdessen in (B.24) > und hier liegen alle Richtungen, in denen sich die Gesamtkosten erhöhen würden. Alle durch Variation der Steuerung wirklich erreichbaren Abweichungen von $z^*(t)$ müssen auf dieser anderen Seite der Hyperebene oder in ihr selbst liegen. Die Definitionsgleichung einer solchen Hyperebene setzt nun aber Differenzierbarkeit der optimalen Kosten des zukünftigen Prozeßverlaufes als Funktion des Gegenwartszustandes voraus, was unter den Voraussetzungen des *Pontrjagin*'schen Theorems nicht immer vorausgesetzt werden kann [8]. Daher existieren echte Opportunitätskostensätze nicht immer. *Pontrjagins* Theorems zeigt aber, daß auch unter den ihm zugrundeliegenden allgemeinen Voraussetzungen in jedem Zeitpunkt t eine Hyperebene existiert, die alle Abweichungsrichtungen des angesteuerten Zustands vom Optimum, in denen sich eine Gesamtkostensenkung ergäbe, trennt von den erreichbaren Abweichungsrichtungen. Diese Hyperebene kann man zwar nicht mehr immer als die Menge der Richtungen interpretieren, für die die erforderliche Entschädigung null ist, sie hat aber trotzdem die Eigenschaft, daß die Richtungen einer Kostensenkung sämtlich auf der einen, die erreichbaren Richtungen sämtlich auf der anderen Seite dieser Hyperebene oder in ihr selbst liegen.

---

8) In zahlreichen Beispielen treten Sprünge der optimalen Steuerung auf. Bei diesen Sprüngen ist auch die optimale Steuerung als Funktion des Zustands (also in strategischer Form) geschrieben unstetig, so daß auch $\frac{\partial J}{\partial z}$ nicht existiert.
Hierzu: *Pontrjagin*, [Theorie, 1964], S.76.

Diese Hyperebene wird durch

$$(B.25) \quad \psi_o(\zeta_o - z_o{}^*(t)) - \psi(t)^T(\zeta - z^*(t)) = 0 ,$$

ökonomisch gesehen also durch die prix d'usage für die optimale Steuerung u^* der Zukunft, d.h. des Zeitintervalls $[t, t_1]$, bestimmt. Diese prix d'usage sind keine Opportunitätskostensätze. Sie geben im allgemeinen nicht das Äquivalent einer Abweichung vom Optimum in Richtung einer Koordinate um eine kleine Einheit an, kennzeichnen aber jede mögliche (durch Steuerung erzielbare) Abweichung vom Optimum als nicht lohnend.

Dies müßte über die hier gemachten Andeutungen hinaus anhand des Beweises von *Pontrjagin* genau gezeigt werden, was jedoch über die Möglichkeiten dieses Anhanges weit hinausgehen würde.

Wir haben nun noch den allgemeineren Fall zu betrachten, in dem der Endzustand $z(t_1)$ Bedingungen der Form (B.3) unterliegt. Dazu ist die Transversalitätsbedingung in ihrer allgemeinen Form ökonomisch zu erläutern. Sie besagt, daß alle Zustände ζ, die das Gleichungssystem

$$(B.6) \quad \frac{\partial g}{\partial z}(z^*(t_1))\,(\zeta - z^*(t_1)) = 0$$

erfüllen, auch die Gleichung

$$(B.7) \quad \psi(t_1)^T(\zeta - z^*(t_1)) = 0$$

erfüllen müssen. Dies ist eine Randbedingung für $\psi(\cdot)$. Sie soll die Konsequenzen für die Bewertung der Zustandskoordinaten aus der Tatsache ziehen, daß es laut Problemstellung bewertungsmäßig gleichgültig ist, wo auf der durch die Endzustandsbedingungen festgelegten glatten Mannigfaltigkeit man in t_1 auskommt. Die Transversalitätsbedingung gibt die entsprechende lokale Bedingung, nämlich daß alle kleinen Verschiebungen des anzusteuernden Endzustandes in einer Richtung aus der Tangentialebene in z^* an die Mannigfaltigkeit der zulässigen Endzustände durch $\psi(t_1)$ den Wert null zugeordnet erhalten müssen, wenn $\psi(\cdot)$ dem Aspekt des gestellten Problems adäquat sein soll, daß der Endzustand $z(t_1)$ keine Wertbedeutung hat.

Aus dieser Bedingung folgt nun aber im allgemeinen nicht notwendig $\psi(t_1) = 0$. Die Komponenten von $\psi(t_1)$ sind vielmehr echte Schattenpreise einer Verschiebung der Mannigfaltigkeit der zulässigen Endzustände in Richtung der entsprechenden Koordinate des Zustandsraumes, geben also das Äquivalent entsprechender Lockerungen bzw. Verschärfungen der Endzustandsbedingungen an. Die durch (B.7) definierte Hyperebene in Z durch $z^*(t_1)$ stellt gerade die Menge derjenigen Richtungen dar, in die man jene Mannigfaltigkeit im kleinen verschieben kann ohne die optimalen Kosten zu beeinflussen.

Es kann nun noch der Fall $\psi_o = 0$ eintreten. Ökonomisch bedeutet dies, daß den "buchhalterischen" Kosten keine Bedeutung für die Wahl der optimalen Politik zukommt. Das liegt daran, daß die Bedingungen (B.3) "um jeden Preis" $z_o(t_1)$ zu erfüllen sind. Es kann nun sein, daß diese Bedingungen so restriktiv sind, daß auf Kosten keine Rücksicht mehr genommen werden kann und nur noch eine zulässige Politik existiert, die dann auch optimal ist. Dieser Grenzfall wird sehr selten sein, denn wahrscheinlicher ist praktisch, daß bei einer entsprechenden Problemstellung die Bedingungen (B.3) überhaupt nicht erfüllbar sind. *Athans* und *Falb* bezeichnen denn auch den Fall $\psi_o = 0$ als "pathologisch" [9),]

---

9) *Athans* - *Falb*, [Optimal Control, 1966], S. 291.

weshalb auch wir uns nicht näher mit ihm befassen wollen.

Weitere Ausführungen zur ökonomischen Interpretation des Maximumprinzips enthält die Arbeit von *Albouy* und *Breton*, [Interpretation, 1968]. Auf die Probleme, die der Interpretation dadurch entstehen, daß J nicht stetig differenzierbar ist, wird dort jedoch überhaupt nicht eingegangen. An dieser Stelle sei auch besonders auf die Arbeit von *Stöppler*, [Produktionstheorie, 1972] hingewiesen. Dort wird das Maximumprinzip wesentlich verallgemeinert (Nebenbedingungen in Gleichungs- und Ungleichungsform für den Zustand und zeitlich veränderliche und vom Zustand abhängige Steuerbereiche U werden zugelassen) und zur Optimierung dynamischer Produktionsprobleme eingesetzt. Die ökonomische Bedeutung des verallgemeinerten Maximumprinzips wird herausgearbeitet und es wird eine Anzahl von Verallgemeinerungen von Sätzen, die aus der statischen Produktionstheorie bekannt sind, für den dynamischen Fall gewonnen.

C. Über das Problem optimaler identischer Erneuerung eines Systems aus Komponenten mit bestimmter Lebensdauer bei unendlichem Planungszeitraum

Voraussetzungen

Ein System, dessen produktive Leistungsfähigkeit auf unendliche Dauer benötigt wird, möge n Komponenten j mit fester Lebensdauer t_j enthalten. Das System sei funktionsfähig, wenn alle Komponenten funktionsfähig sind; Leistungsfähigkeit und Betriebskosten des funktionsfähigen Systems seien unabhängig vom Alter der Komponenten. Fällt in einem Zeitpunkt eine Komponente j aus, so entsteht in diesem Zeitpunkt eine Reparaturausgabe in Höhe eines festen Betrages W^j, falls das System nicht ganz erneuert wird. Fallen mehrere Komponenten gleichzeitig aus, so ist die entsprechende Reparaturausgabe gleich der Summe der entsprechenden W^j. Der Ersatz des ganzen Systems erfordert die Ausgabe A. Die t_j werden im folgenden ganzzahlig angenommen, was sich praktisch durch geeignete Wahl der Zeiteinheit in hinreichender Näherung erreichen läßt. (Man darf dabei nicht vergessen, auch die Verzinsungsrate ρ entsprechend umzuskalieren!)

Problem

Gesucht ist eine optimale Lebensdauer t^* des Systems. Eine solche charakterisiert unter den gegebenen Voraussetzungen - wie man ohne weiteres einsieht - die optimale Instandhaltungspolitik vollständig. Zielfunktion ist die Kostenfunktion

$$(C.1) \qquad C(t) = \sum_{k=o}^{\infty} e^{-\rho kt} \left(A + \sum_{j=1}^{n} \sum_{m=1}^{m_j(t)} W^j e^{-\rho m t_j}\right).$$

Darin ist $\rho > 0$ eine Diskontierungsrate und

$$\text{(C.2)} \quad m_j(t) := \max_{m \in \mathbb{N}} (m : mt_j < t) \; .$$

Eine Lebensdauer t^* des Systems ist genau dann optimal, wenn gilt

$$\text{(C.3)} \quad C(t^*) \leq C(t) \quad \text{für alle } t \geq 0 \; .$$

Satz 1

Eine endliche optimale Lebensdauer des Systems existiert genau dann, wenn

$$\text{(C.4)} \quad \sum_{j:t_j<\infty} W^j \geq A$$

gilt.

Beweis

Zunächst wird gezeigt, daß Bedingung (C.4) notwendig ist. Angenommen, sie sei verletzt. Dann gilt für jedes t, daß es kostengünstiger ist, jeweils nach einer Lebensdauer von t alle Teile j mit $t_j < \infty$, alle abnutzbaren bzw. dem Verschleiß unterliegenden Teile also, auszutauschen, anstatt das ganze System in t zu erneuern.

Denn man hat dann

$$(C.5)\qquad C(t) > A + \sum_{j=1}^{n} \sum_{m=1}^{m_j(t)} W^j e^{-\rho m t_j}$$

$$+ \sum_{k=1}^{\infty} e^{-\rho k t} \Big(\sum_{j:t_j<\infty} W^j + \sum_{m=1}^{m_j(t)} W^j e^{-\rho m t_j} \Big).$$

Zu jeder endlichen Lebensdauer t des Systems existiert somit eine kostengünstigere Politik, Bedingung (C.4) ist also notwendig.

Zu zeigen ist noch, daß sie auch hinreicht. Angenommen (C.4) ist erfüllt. Man betrachte $t = \prod_{j:t_j<\infty} t_j$. In diesem Zeitpunkt müssen alle Verschleißteile ersetzt werden oder man muß das System austauschen. Ein Vergleich der Kosten für beide Alternativen ergibt

$$(C.6)\qquad C(t) \leq A + \sum_{j=1}^{n} \sum_{m=1}^{t/t_j} W^j e^{-\rho m t_j}$$

$$+ \sum_{k=1}^{\infty} e^{-\rho k t} \Big(\sum_{j:t_j<\infty} W^j + \sum_{m=1}^{t/t_j} W^j e^{-\rho m t_j} \Big).$$

Es existiert also eine endliche Lebensdauer t bei der die Kosten nicht höher sind als bei unendlicher Lebensdauer. Deshalb existiert auch eine endliche optimale Lebensdauer. (C.4) ist also auch hinreichend.

Satz 2

Existiert ein endlicher optimaler Erneuerungszeitpunkt des Systems, so ist ein Zeitpunkt t^* genau dann optimaler Erneuerungszeitpunkt des Systems, wenn ein Zeitpunkt τ existiert mit den Eigenschaften

$$\text{(C.7)} \qquad C(t^*) \leq C(t) \quad \text{für alle } t < \tau$$

und

$$\text{(C.8)} \qquad C(t^*) \leq S(\tau) \equiv \frac{A + \sum\limits_{j \in N(\tau)} \frac{W^j}{1 - e^{-\rho t_j}} \left(e^{-\rho t_j} - e^{-\rho \tau} \right)}{1 - e^{-\rho \tau}}$$

worin $N(\tau) := \{j : t_j < \tau\}$. Existiert ein solches τ, so gilt $\tau \leq \prod\limits_j t_j$.

Bemerkung

Satz 2 beruht auf folgendem Gedanken: Die Zielfunktion $C(\cdot)$ ist zwar über keinem unendlichen Teilintervall der positiven reellen Halbgeraden monoton nicht fallend, man kann aber eine in einem gewissen Intervall (τ, ∞) monoton wachsende Funktion $S(\cdot)$ angeben, durch die $C(\cdot)$ nach unten beschränkt ist. Die untere Schranke $S(\cdot)$ aber liegt von einem gewissen Zeitpunkt τ ab über dem optimalen $C(t^*)$, so daß die optimale Lebensdauer des Systems dadurch charakterisiert werden kann, daß für sie die Zielfunktion über dem endlichen Intervall $[o,\tau]$ minimal ist und daß $C(t) \geq S(\tau)$ für alle $t > \tau$ gilt. Das endliche Intervall $[o,\tau]$ kann aber verhältnismäßig leicht auf den

Minimalwert von C hin untersucht werden. Aus (C.1) ersieht man nämlich, daß der Graph von C eine Sägezahnkurve ist, die in den Reparaturpunkten Sprünge nach oben hat, sonst aber infolge der Faktoren $e^{-\rho kt}$ mit wachsendem t fällt. Als Minima kommen also nur Reparaturpunkte infrage und dies sind in jedem endlichen Intervall nur endlich viele.

Beweis

Zum Beweis des Satzes 2 bemerkt man zunächst, daß (C.1) unter Benutzung der Summenformel und der Partialsummenformel für geometrische Reihen wie folgt geschrieben werden kann:

(C.9)
$$C(t) = \frac{A + \sum_{j=1}^{n} W^j \dfrac{1 - e^{-\rho m_j(t) \cdot t_j}}{1 - e^{-\rho t_j}} e^{-\rho t_j}}{1 - e^{-\rho t}}$$

Weiter ergibt sich aus der Definition (C.2) von $m_j(t)$

(C.1o) $m_j(t)t_j \geq t - t_j$,

woraus folgt $e^{-\rho m_j(t)t_j} \leq e^{-\rho(t-t_j)}$.

In dem Summenausdruck im Zähler von (C.9) kann man die Summanden weglassen, deren Index j nicht zur Menge N(t) gehört, wie sie in Satz 2 definiert ist, denn diese Summanden sind nach (C.2) null.

Ersetzen wir $e^{-\rho m_j(t)t_j}$ durch $e^{-\rho(t-t_j)}$, so erhalten wir

$$\text{(C.11)} \qquad C(t) \geq S(t) := \frac{A + \sum\limits_{j\in N(t)} W^j \dfrac{e^{-\rho t_j} - e^{-\rho t}}{1 - e^{-\rho t_j}}}{1 - e^{-\rho t}},$$

also, daß $S(\cdot)$ tatsächlich eine untere Schranke der Kostenfunktion $C(\cdot)$ ist.

Die Funktion S ist stückweise differenzierbar; nur an den Stellen t, wo $t = t_j$ für ein $j \in \{1, \ldots, n\}$, besitzt sie keine Ableitung. Wir untersuchen die Ableitung in einem t-Intervall, in dem N(t) sich nicht ändert:

$$\text{(C.12)} \qquad \frac{dS}{dt}(t) = \left(A + \sum_{j\in N(t)} \frac{W^j e^{-\rho t_j}}{1 - e^{-\rho t_j}}\right) \frac{-\rho e^{-\rho t}}{(1 - e^{-\rho t})^2}$$

$$- \left(\sum_{j\in N(t)} \frac{W^j}{1-e^{-\rho t_j}}\right) \frac{\rho e^{-\rho t}(1-e^{-\rho t}) + \rho e^{-2\rho t}}{(1 - e^{-\rho t})^2}$$

$$= \frac{\rho e^{-\rho t}}{(1-e^{-\rho t})^2} \left(\sum_{j\in N(t)} W^j - A\right)$$

Aufgrund der Voraussetzung, daß eine endliche optimale Lebensdauer des Systems existiert, kann man nun τ und damit $N(\tau)$ so wählen, daß gemäß Satz 1 gewährleistet ist: $\sum\limits_{j\in N(t)} W^j \geq A$.

Wenn dies für $N(\tau)$ der Fall ist, so erst recht für jedes $N(t)$, $t > \tau$. Die Ableitung der Funktion S ist also für $t > \tau$ nicht negativ, wo sie existiert. Da diese Ableitung höchstens in endlich vielen Punkten nicht definiert ist und da S auch dort stetig ist, kann man sagen, daß $S(\cdot)$ für $t > \tau$ monoton nichtfallend ist. Damit ist gezeigt, daß ein t^* zu dem es ein τ gibt, welches die Bedingungen (C.7) und (C.8) erfüllt, eine optimale Lebensdauer des Systems sein muß.

Zu zeigen bleibt noch, daß umgekehrt zu jeder optimalen Lebensdauer t^* des Systems auch ein solches τ existiert, m.a.W. daß ein $\tau > t^*$ existiert mit $C(t^*) \leq S(\tau)$. Hierzu untersuchen wir die Differenz

$$(C.13) \quad S(t) - C(t) =$$

$$= \sum_{j \in N(t)} \frac{W^j}{(1 - e^{-\rho t_j})(1 - e^{-\rho t})} \Big((1 - e^{-\rho m_j(t) t_j})\, e^{-\rho t_j} - (e^{-\rho t_j} - e^{-\rho t}) \Big) =$$

$$= \sum_{j \in N(t)} \frac{W^j (1 - e^{-\rho[(m_j(t)+1)t_j - t]})}{(e^{\rho t} - 1)(1 - e^{-\rho t_j})}$$

Gemäß (C.2) ist diese Differenz null für jedes t das ein ganzzahliges Vielfaches aller t_j mit $j \in N(t)$ ist. Man kann τ somit beispielsweise als das kleinste t mit obiger Eigenschaft und $\sum_{j \in N(t)} w^j \geq A$ wählen. Für das optimale t^* muß dann gelten:

$$(C.14) \quad C(t^*) \leq C(\tau) = S(\tau) \ .$$

Damit ist Satz 2 vollständig bewiesen.

Bemerkungen

Der Ausdruck in eckigen Klammern im letzten Glied der Gleichungskette (C.13) kann interpretiert werden als das Restnutzungspotential des Elements j im Zeitpunkt t. Die Differenz zwischen der Schranke S und der Funktion C ist also desto kleiner, je weniger Nutzungspotential verschrottet wird.

Die Schranke S hat für den Fall daß

$$\sum_{j \in N(t)} w^j - A \neq 0$$

für alle t genau ein Minimum, nämlich dort wo gilt:

$$\sum_{j \in N(t)} w^j - A < 0 \quad \text{für alle} \quad t < t^*$$

und

$$\sum_{j \in N(t)} w^j - A > 0 \quad \text{für alle} \quad t > t^*.$$

Falls dagegen $\sum_{j \in N(t)} W^j - A = 0$ für ein t, so existiert ein ganzes Intervall, wo dies der Fall ist und dieses ganze Intervall besteht aus Minima der unteren Schranke.

Man kann diese beiden Bemerkungen für die Suche nach dem Minimum von C ausnutzen, indem man in der Nähe des Minimums der Schranke die t mit besonders geringer Differenz (C.13) aufsucht und auf sie Satz 2 anwendet.

Literaturverzeichnis

Die Literaturhinweise im Text verwenden eine Kurzform des Titels der zitierten Arbeiten, der die Auflage als hochgestellte Ziffer und das Erscheinungsjahr hinzugefügt werden, das ganze hinter dem Familiennamen des Verfassers, der kursiv geschrieben ist. Zusätzlich wird ein Hinweis auf die Seite(n) gegeben, auf der(denen) sich die angezogenen Ausführungen finden.

Beispiel: *Gutenberg*, [Produktion, ^{18}197o], S. 2.

Im folgenden werden nun die vollständigen Angaben zu den verwendeten Schriften gemacht. Dabei kennzeichnen eckige Klammern den im Text verwendeten Kurztitel. Zu o.a. Beispiel:

Gutenberg, Erich, Grundlagen der Betriebswirtschaftslehre, Erster Band, Die [Produktion], 18. Aufl., Berlin - Heidelberg - New York 197o.

Albach, Horst, Zur Verbindung von [Produktionstheorie] und Investitionstheorie, in: *Koch*, Helmut (Hg.), Zur Theorie der Unternehmung. Festschrift zum 65. Geburtstag von Erich *Gutenberg*, Wiesbaden 1962, S. 137 - 2o3.

Albert, Hans, Probleme der [Theoriebildung]. Entwicklung, Struktur und Anwendung sozialwissenschaftlicher Theorien, in: *Albert*, Hans (Hg.), Theorie und Realität, Tübingen 1964, S. 3 - 7o.

Albouy, Marc, La [Régulation] Economique de l'Entreprise, Tome II, La Régulation Dynamique, Paris 1972.

Albouy, Marc - *Breton*, A., [Interprétation] Économique du Principe du Maximum, Revue Francaise d'Informatique et de Recherche Operationelle, 2e année, 1968, Numéro 14 V 3, S. 37 - 68.

Arora, S. R. - *Lele*, P. T., A [Note] on Optimal Maintenance Policy and Sale Date of a Machine, Management Scince, Vol. 17, 197o, S. 17o - 173.

Athans, Michael - *Falb*, Peter L., Optimal Control - An Introduction to the Theory and Its Applications, New York - St. Louis - San Francisco - Toronto - London - Sydney 1966.

Bauer, Heinz, [Wahrscheinlichkeitstheorie] und Grundzüge der Maßtheorie, Berlin 1968.

Boiteux, Marcel, [Réflexions] sur la concurrence du rail et de la route, le déclassement des lignes non rentables et le déficit du chemin de fer, L'économie électrique, Numéro 2, 1955.

Bryson, Arthur - *Ho*, Yu Chi, Applied [Optimal Control], Waltham (Mass.) 1969.

Chenery, Hollis B., [Process and Production Functions] from Engineering Data, in: *Leontief* et al., [Structure, 1953], S. 297 - 325.

Dean, Burton V., [Replacement] Theory, in: *Ackoff*, Russel L. (ed.), Progress in Operations Research, Vol. I, New York - London - Sydney 1961, S. 327-362.

Dreyfus, Stuart E., [Introduction] to Stochastic Optimization and Control, in: *Karreman*, Herman F., (ed.), Stochastic Optimization and Control, Proceedings of an Advanced Seminar Conducted by the Mathematics Research Center and the United States Army at the University of Wisconsin, Madison, October 2-4, 1967, New York - London - Sydney 1968, S. 3 - 23.

Keynes, John Maynard, The [General Theory] of Employment, Interest, and Money, Reprint, London 1964.

Kloock, Josef, Betriebswirtschaftliche [Input - Output - Modelle], Wiesbaden 1969.

Kloock, Josef, Zur gegenwärtigen [Diskussion] der betriebswirtschaftlichen Produktionstheorie und Kostentheorie, Zeitschrift für Betriebswirtschaft, 39. Jahrgang, 1969, 1. Ergänzungsheft, S. 51 - 82.

Laßmann, Gerd, Die [Produktionsfunktion] und ihre Bedeutung für die betriebswirtschaftliche Kostentheorie. Mit einer einführenden Analyse des Linear Programming, Köln und Opladen 1958.

Leontief, Wassily - *Chenery*, Hollis B. - *Clark*, Paul G. - *Duesenberry*, James S. - *Ferguson*, Allen R. - *Grosse*, Anne P. - *Grosse*, Robert N. - *Holzman*, Mathilda - *Isard*, Walter - *Kistin*, Helen, Studies in the [Structure] of the American Economy. Theoretical and Empirical Explorations in Input-Output Analysis, New York 1953.

Lücke, Wolfgang, [Produktions- und Kostentheorie], 2. Aufl., Würzburg 197o.

Massé, Pierre, Le [Choix] des Investissements. Critères et Méthodes. 2e éd., Paris 1964.

Menge, John A., [Style Change] Costs as a Market Weapon, Quarterly Journal of Economics, Vol. 76, 1962, S. 632 - 647.

Meyer, Robert A. jr., [Equipment] Replacement under Uncertainty, Management Science, Vol.17, 1971, S. 75o - 757.

Näslund, Bertil, Simultaneous Determination of Optimal Repair Policy and Service Life, The Swedish Journal of Economics, Vol. 68, 1966, S. 63 - 73.

Nixon, Frank, Managing to Achieve [Quality] and Reliability, London - New York 1971.

Pack, Ludwig, Die [Elastizität] der Kosten. Grundlagen einer entscheidungsorientierten Kostentheorie, Wiesbaden 1966.

Pontrjagin, L. S. - *Boltjansky*, V. G. - *Gamkrelidze*, R. V. - *Miščenko*, E. F., Mathematische [Theorie] optimaler Prozesse, 2. verbesserte Auflage, München - Wien 1967.

Pressmar, Dieter B., [Kosten- und Leistungsanalyse] im Industriebetrieb, Wiesbaden 1971.

Rinne, Horst, Strategien der [Instandhaltung], Meisenheim 1972.

Robbins, Lionel, An Essay on the Nature and Significance of Economic Science, 2. Aufl., London 1952.

Schmidt, Regine, Die [Produktionsfunktion] in betriebswirtschaftlicher Sicht, Diss. Köln 1967

Schmidt, Reinhard, [Kapazitätsplanung] in stochastischen Produktionssystemen, Meisenheim 1968.

Schneeweiß, Hans, [Entscheidungskriterien] bei Risiko, Berlin - Heidelberg - New York 1967.

Schneider, Dieter, [Grundlagen] einer finanzwirtschaftlichen Theorie der Produktion, in: *Moxter*, Adolf - *Schneider*, Dieter - *Wittmann*, Waldemar (Hg.), Produktionstheorie und Produktionsplanung, - Karl *Hax* zum 65. Geburtstag - Köln und Opladen 1966, S. 337 - 382.

Schneider, Dieter, [Kostentheorie] und verursachungsgemäße Kostenrechnung, Zeitschrift für handelswissenschaftliche Forschung, Neue Folge, 13. Jg., 1961, S. 677 - 7o7.

Schneider, Dieter, Die wirtschaftliche [Nutzungsdauer] von Anlagegütern als Bestimmungsgrund der Abschreibungen, Köln und Opladen 1961.

Schüler, Wolfgang, Optimaler [Anlageneinsatz] im Einproduktunternehmen, Diss. Bonn 197o.

Smith, Vernon L., [Investment] and Production. A Study in the Theory of the Capital-Using Enterprise, Cambridge (Mass.) 1961.

Stöppler, Siegmar, Dynamische [Produktionstheorie] auf systemtheoretischer Grundlage, Diss. Frankfurt/Main 1972.

Ferguson, Allen R., Commercial [Air Transportation] in the United States, in: *Leontief* et al., [Structure, 1953],S. 421 - 447.

Frisch, Ragnar, Theory of [Production], Dordrecht - Chicago 1965.

Grosse, Anne P., The Technological [Structure] of the Cotton Textile Industry, in: *Leontief* et al., [Structure, 1953], S. 36o - 42o.

Gutenberg, Erich, Grundlagen der Betriebswirtschaftslehre, Erster Band, Die [Produktion], 18. Aufl., Berlin - Heidelberg - New York 197o.

Gutenberg, Erich, Grundlagen der Betriebswirtschaftslehre, Dritter Band, Die [Finanzen], Berlin - Heidelberg - New York 197o.

Hax, Herbert, [Investitionstheorie], Würzburg 197o.

Heinen, Edmund, Betriebswirtschaftliche [Kostenlehre], 3. verbesserte Auflage, Wiesbaden 197o.

Holzman, Mathilda, Problems of [Classification and Aggregation], in: *Leontief* et al., [Structure, 1953], S. 326 - 359.

Jacob, Herbert, [Produktionsplanung] und Kostentheorie, in: *Koch*, Helmut (Hg.), Zur Theorie der Unternehmung, Festschrift zum 65. Geburtstag von Erich *Gutenberg*, Wiesbaden 1962, S. 2o5 - 268.

Kalman, R. E., The [Theory] of Optimal Control and the Calculus of Variations, in: *Bellman*, Richard (ed.) Mathematical Optimization Techniques, Berkeley - Los Angeles 1963, S. 3o9 - 331.

Kamien, Morton I. - *Schwartz*, Nancy L., Optimal [Maintenance] and Sale Age for a Machine Subject to Failure. Management Science - Applications - Vol. 17, 1971, S. B 495 - B 5o4.

Karrenberg, R. - *Scheer*, A.W., [Ableitung] des kostenminimalen Einsatzes von Aggregaten zur Vorbereitung der Optimierung simultaner Planungssysteme, Zeitschrift für Betriebswirtschaft, 4o. Jahrg., 197o, S. 689-7o6.

Terborgh, George, Dynamic [Equipment]Policy, New York 1949.

Thompson, Gerald L., Optimal [Maintenance Policy] and Sale Date of a Machine, Management Science, Vol. 14, 1968, S. 543 - 55o.

Wanner, Georg, Was kostet mein [Auto], 7. Ausgabe, München 1971.

Thesen *)

These 1

Betriebswirtschaftliche Produktions- und Kostentheorie kann mit Aussicht auf empirische Bewährung zur Erklärung der Entscheidungen von Produzenten beitragen, indem sie diese als vom Wirtschaftlichkeitsprinzip bestimmt auffaßt.

These 2

Die bisher in der betriebswirtschaftlichen Produktions- und Kostentheorie maschineller Fertigungsprozesse vorliegenden Ansätze sind entweder nicht empirisch überprüfbar formuliert oder scheitern an den Tatsachen.

These 3

Nur eine dynamische Produktions- und Kostentheorie, die Inanspruchnahme und Instandhaltung der maschinellen Ausrüstung in ihren Erklärungszusammenhang einbezieht, kann sich als ökonomische Erklärung maschineller Fertigungsprozesse bewähren.

These 4

Gutenbergs Produktionsfunktion vom Typ B läßt sich in einer Weise verallgemeinern, die Instandhaltung einbezieht. Sie wird dann Bestandteil einer bewährungsfähigen Produktions- und Kostentheorie maschineller Fertigungsprozesse, läßt jedoch in diesem Zusammenhang periphere Faktorsubstitution zu.

These 5

Bezeichne $u = (u^1, u^2, \ldots, u^\ell, \ldots, u^{n1})$ den Vektor der Inanspruchnahme- und Instandhaltungsintensitäten eines Aggregates und $z = (z^1, z^2, \ldots, z^j, \ldots, z^{n2})$ dessen z-Situation jeweils als Funktionen der Zeit. Folgende Voraussetzungen (1)-(3) mögen gelten:

---

*) Sie sollen eine kurze Zusammenfassung der Arbeit und ihrer methodologischen Grundlage bieten.

(1) Der Verbrauch jeder an dem betrachteten Aggregat benötigten Verbrauchsfaktorart i bzw. die Ausbringung jeder Produktart i können durch stetig differenzierbare Momentanverbrauchs- bzw. -leistungsfunktionen $\eta^i(z, u)$ dargestellt werden.

(2) Das Verschleißgesetz des Aggregates kann durch ein System von Differentialgleichungen der Form $\dot{z}^j=f^j(z, u)$, $(j=1,2,...,n_2)$ angegeben werden mit stetig differenzierbaren Funktionen f^j.

(3) Es gibt nur eine diskrete Instandhaltungsmaßnahme. Diese versetzt das Aggregat wieder in den Neuzustand. Ihre Kosten sind eine zweimal stetig differenzierbare Funktion k des Zustandes z des zu erneuernden Aggregates im Erneuerungszeitpunkt.

Unter den Voraussetzungen (1) bis (3) können aus speziellen Eigenschaften der Funktionen η^i, f^j, und k Aussagen über die optimale Steuerung von Inanspruchnahme und Instandhaltung des Aggregates mithilfe des Maximumprinzips von Pontrjagin gewonnen werden.

These 6

Unter den Voraussetzungen (1) bis (3) von These 5 existieren nach dem Maximumprinzip zu der optimalen Steuerung und der durch sie hervorgerufenen Zustandsentwicklung notwendig Bewertungsfaktoren für die z-Variablen und die Ausbringungsgüter, die sich in der Zeit gemäß einer bestimmten Differentialgleichung entwickeln und z-Variable und Ausbringungsgüter so bewerten, daß die optimale Steuerung, in einem beliebigen Zeitpunkt t genommen, den Momentanzuwachs der Kostenfunktion in t, vermindert um die mit diesen Bewertungsfaktoren bewertete Zustandsänderung und Momentanausbringung (sämtlich in t genommen) unter allen Möglichkeiten für die Wahl der Steuerungsparameter minimiert. M.a.W. fangen diese Preise die Auswirkungen der Zustandsänderung in t für die Zukunft von t an ein. Sie sind jedoch im allgemeinen keine Opportunitätskostenpreise, keine "user costs" im Sinne von Keynes.

GPSR Compliance

The European Union's (EU) General Product Safety Regulation (GPSR) is a set of rules that requires consumer products to be safe and our obligations to ensure this.

If you have any concerns about our products, you can contact us on ProductSafety@springernature.com

In case Publisher is established outside the EU, the EU authorized representative is:

Springer Nature Customer Service Center GmbH
Europaplatz 3
69115 Heidelberg, Germany

Batch number: 10809468

Printed by Printforce, the Netherlands